给孩子的博物文

人的进化

后晓荣 主编

刘伟 胡海香 编著

中国纺织出版社有限公司 国家一级出版社
全国百佳图书出版单位

图书在版编目（CIP）数据

给孩子的博物文化课. 人的进化 / 后晓荣主编；刘伟，胡海香编著. -- 北京：中国纺织出版社有限公司，2019.12

ISBN 978-7-5180-6831-9

Ⅰ.①给… Ⅱ.①后… ②刘… ③胡… Ⅲ.①中华文化—青少年读物②古人类学—中国—青少年读物 Ⅳ.①K203-49②Q981-49

中国版本图书馆CIP数据核字（2019）第222061号

责任编辑：李凤琴　　责任印制：王艳丽

中国纺织出版社有限公司出版发行
地址：北京市朝阳区百子湾东里A407号楼　邮政编码：100124
销售电话：010—67004422　　传真：010—87155801
http://www.c-textilep.com
E-mail: faxing@c-textilep.com
官方微博http://weibo.com/2119887771
北京通天印刷有限责任公司印刷　各地新华书店经销
2019年12月第1版第1次印刷
开本：710×1000　1/16　印张：8.5
字数：120千字　定价：32.80元

凡购本书，如有缺页、倒页、脱页，由本社图书营销中心调换

序言

文物是什么
——写给小朋友们博物之旅的话

文物是什么？不同的理解有不同的答案。

文物作为人类在社会活动中遗留下来的具有历史、艺术、科学价值的遗物和遗迹，是人类宝贵的历史文化遗产。文物是指这些古人遗留至今的具体物质遗存，其基本特征是：第一，必须是由人类创造的，或者是与人类活动有关的；第二，必须是已经成为历史的，不可能再重新创造的。

文物是历史的通道

文物是历史的通道，让我们可以顺利抵达历史记忆的深处，更是我们了解人类社会发展的轨迹。每一件文物，都镌刻着中国文化的深沉记忆，都蕴藏着中华民族的灵魂密码，是国家的"金色名片"。从半坡彩陶到二里头青铜器，我们知道了中国先民跨越了野蛮，发展到文明；从秦始皇陵到武昌城墙上的第一声炮声，我们知道了帝制的终结到民主的开始。

文物是文明的勋章

每一件文物都是一枚闪闪的文明勋章，它彰显着人类在漫长历史发展过程中所迸发出的非凡智慧，显示出古人与自然和谐共处的创造力量。我们从长信宫灯看到了智慧之光；从记里鼓车看到了速度的追求，从神火飞鸦看到了征服太空的梦想。博物馆中的每一件文物都展示着一个故事，一个穿越时空，将过去与现在联结在一起的故事。今天作为勋章的文物就是在传承历史，就是在承载中华民族精神的物质根本。

文物是前行的灯塔

珍藏在博物馆中的每一件文物还是前行的灯塔，照亮着今人走向未来的路。例如虎门炮台在时刻警示着那段欺辱的历史，前事不忘，后事之师；国家博物院珍藏的秦代大铁权则体现着公平交易，统一规则；敦煌莫高窟中的张骞出使西域壁画则体现了百折不挠的家国责任。击鼓说唱陶俑在手舞足蹈中传达了乐观、通达的生命之美。文物中的历史、生命、责任、规则等理念无处不在，同时也在照亮我们前行的路，即"以古人之规矩，开自己之生面"。

文物是历史的通道，让我们有了记忆之感；文物是文明的勋章，让我们有了传承之责；文物是前行的灯塔，让我们有了创新之源。每一件文物都有一个故事，都是一个"阿里巴巴"宝藏。听懂故事的真谛，探寻宝藏的秘密是每一位小朋友的天性。期待小朋友们用眼睛去观察，用大脑去思考，用心去领会文物之美，美的文物。同时更期待这套博物文化丛书将从书画、钱币、人的进化、服饰、交通、民俗、科技等主题为小朋友打开一个个"阿里巴巴"的大门，从而让更多小朋友了解历史文化、了解中华文明，最终爱上博物馆，爱上历史。

后晓荣

2019年10月

目录

第一章　我们从哪里来

1. 地球的诞生与原始生命的出现　002
2. 各新生物种粉墨登场　004
3. 给人无限遐想的恐龙世界　006
4. 哺乳类动物的出现　010

第二章　生命的新纪元——哺乳动物时代

1. 灵长类的出现及其繁盛　016
2. 猴与猿的分化　019
3. 类人猿的发展　022

第三章　非洲——人类最初的伊甸园

1. 非洲，我们的祖先曾被锁在了这里　026
2. 走出非洲，去寻找更适合生存的地方　033

第四章　旧石器时代的中国猿人

1. 中国境内的远古人类　038

2. 早期智人究竟经历过什么　045

第五章　寻找北京人

1. 看这些古人类遗址群　052

2. 北京人头骨失踪谜案　057

3. 从"北京人"到山顶洞人　058

第六章　繁星满天的新石器时代

1. 磨制石器的出现　066

2. 经济生活的大发展　073

第七章　从仰韶到龙山

1. 仰韶文化的发现，揭开了华夏文明的序幕　082
2. 晨曦初现的古文明——龙山文化　089

第八章　从河姆渡到良渚

1. 7000年前的江南——河姆渡文化　096
2. 掀起良渚文化的神秘面纱　105

第九章　原始人的精神世界

1. 宗教的起源，你知道吗？　112
2. 科学知识的积累　114
3. 多彩的艺术　118
4. 原始文字的出现　122

参考文献　128

第一章
我们从哪里来

生命的出现本身就是神奇有趣的，而人类作为地球上的高级生物又是来自何方呢？让我们沿着地球形成、发展的时间轴，一同前去探究宇宙世界的奥妙、追溯生命起源的真相、领略大千世界的神奇吧！

地质年代表

代	纪	世	距今大约年代（百万年）	主要生物演化
新生代	第四纪	全新世	现代	人类时代　现代植物
		更新世	0.01	
	第三纪	上新世	2.4	哺乳动物　被子植物
		中新世	5.3	
		渐新世	23	
		始新世	36.5	
		古新世	53	
中生代	白垩纪	晚/中/早	65	爬行动物　裸子植物
	侏罗纪	晚/中/早	135	
	三叠纪	晚/中/早	205	
古生代	二叠纪	晚/中/早	250	两栖动物　蕨类
	石炭纪	晚/中/早	290	
	泥盆纪	晚/中/早	355	鱼　藻类
	志留纪	晚/中/早	410	
	奥陶纪	晚/中/早	438	无脊椎动物
	寒武纪	晚/中/早	510	
元古代	震旦纪		570	古老的菌藻类
			800	
			2500	
太古代			4000	

（显生宙 / 元古宙 / 太古宙）

1.地球的诞生与原始生命的出现

大约66亿年前，银河系内发生了一次大爆炸，爆炸产生的碎片和散漫物质在46亿年前形成太阳系（图1-1），地球作为太阳系的重要成员也同时形成。经过几亿年的不停旋转，地球上比较重的物质成为地核，轻的物质构成地幔和原始地壳（地壳：壳读作qiào，地球从外到内分地壳、地幔、地核三部分。），地球开始进入新的发展时代，一般分为太古代、元古代、古生代、中生代、新生代五个阶段。

图1-1 太阳系

距今38亿年至24亿年的太古代是地壳发展中最古老、最原始的历史时代。这时的地球表面已经形成原始的岩石圈、水圈和大气圈。但这时的地壳很不稳定，火山活动频繁，岩浆四处横溢，海洋面积广大。这是地球上铁矿形成的重要时代，也是最低等的原始生命开始产生的时代。澳大利亚西部瓦拉伍纳群地层发现的距今35亿年前的原始球形藻，可能是地球上最早的生命证据。南非沉积岩地层中发现距今

图1-2 蓝藻细胞化石

32亿年前的古球藻和原始细菌化石，我国辽宁省鞍山市也发现了距今24亿年前的铁细菌化石。这些化石证明，细菌和蓝藻在地球上已经出现和繁衍了30多亿年（图1-2）。

距今24亿年至6亿年是元古代，这时的地球大部分是海洋，到了晚期才开始出现了大片陆地。元古代就是原始生物的时代，这时出现了海生藻类和海洋无脊椎动物。频繁的地壳运动与火山爆发使当时的地球空气中弥漫着大量的二氧化碳，在太阳光的作用下，藻类生物繁盛，成为当时海洋生物的霸主。我国山西省发现过距今18亿年前的蓝藻化石，蓝藻能够吸收阳光，利用"太阳能"把溶解在海水里的化学物质变成食物。

地球上最原始低等动物的出现要晚于植物，距今19亿年至16亿年才开始出现动物性细胞，到元古代最晚期（距今7亿~5.7亿年）才出现低等多细胞动物，又称后生动物。地球上发现的后生动物化石丰富了人们对元古代生物化石的认识。

在同期地层中，我国的三峡、淮南、青海马海、陕西南部等地区也发现许多低等无脊椎动物化石，如软舌螺、海绵骨针、环节动物等。而在湖南、辽宁、黑龙江等地发现的水母化石（图1-3），形态是圆形或椭圆形的，具有环形褶，中心有不同程度的乳状突起，直径大小不一。这些后生动物群的发现，预示着古生代大量无脊椎动物的来临。

> **知识·小·档案**
>
> 埃迪卡拉动物群位于澳大利亚南部的埃迪卡拉地区，发现了生活在距今6.8亿~6亿年前的31种低等多细胞无脊椎动物，初步解开了寒武纪初期突然大量出现的各门无脊椎动物化石的所谓"进化大爆炸"之谜。

图1-3 水母化石

2.各新生物种粉墨登场

距今 6 亿年至 2.5 亿年的古生代，从远到近又划分为寒武纪、奥陶纪、志留纪、泥盆纪、石炭纪和二叠纪。古生代意思是古老生命的时代，此时海洋中出现了几千种动物，其中无脊椎动物空前繁盛。后又出现鱼形动物，鱼类开始大量繁殖，并出现了能适应陆地和海洋生活的两栖类动物。同期的北半球陆地上，大量高大的蕨类植物在茂密地生长着，它们在后来的地壳变动中是形成大片煤田的原料。

古生代早期（寒武纪和奥陶纪），陆地光山秃岭，生命十分罕见，而占据地球大部分的海洋中则生活着各色无脊椎动物，所以这一时代又称为海生无脊椎动物时代，大量丰富多彩的生物变为化石而保存下来，为今天的人们探知远古生物的奥秘提供了直观的素材。

在我国，发现了大量的三叶虫化石（图 1-4），这是一种躯体分节的海洋甲壳动物，生活在早期古生代海洋里，分为头、胸、尾三部分。因它的身体明显分为三个叶（中央轴部和两侧肋部），所以就取名为三叶虫。三叶虫大小相差能达几百倍，最大的有 60~70 厘米长，最小的只有 2 毫米。古生代早期的寒武纪是三叶虫的极盛时代，到了奥陶纪三叶虫就大大减少了，随着古生代的结束，三叶虫也就灭绝了。

图 1-4 三叶虫化石 天宇自然博物馆藏

在这一时期，人们还发现另一种多细胞海洋动物——古杯，它们形状多样，有杯状、锥状、圆柱状和盘状等；也有群体集合在一起，呈树丛状和链状等。杯体表面有的光滑、有的具有瘤状突起或具有纵向与横向褶纹。古杯的大小不一，小的几毫米，大的可达几十厘米。

继古杯之后的多细胞海洋动物是笔石，它的名字来源于18世纪的欧洲，那时欧洲人用鹅毛管剪尖后作笔，部分笔石的形状类似这种羽毛笔而得名。实际上笔石的骨骼外形多样，有的像锯条、有的像宝剑、有的像树枝，但它形体都很小，只有几厘米长。

还有一种名为海百合的棘皮动物（图1-5），是一种古老的无脊椎动物。海百合的身体有一个像植物茎一样的柄，柄上端是羽状触手，因被误认为植物而取名海百合，实际上它已经具备了无脊椎动物的各种机能。

图1-5 海百合 天宇自然博物馆藏

中期古生代（志留纪、泥盆纪），出现一种很大的海洋节肢动物——板足鲎 板足鲎：鲎读hòu，板足鲎是一类已绝灭的节肢动物，生活在大约四亿二千万年前。，被称为中期古生代的海牛之王，最长达3米左右，它有六对附肢，其中一对特别大，像蟹的大螯，上面有尖的刺。

晚期古生代（石炭纪和二叠纪），生物发展到了一个崭新的阶段，植物体构造愈来愈完善，并向大陆内地发展，因而在地球表面形成了大片茂密的森林。随着环境的改变，中期古生代出现的部分鱼类，逐渐演化成适应陆地生活的两栖类动物。在晚期古生代，两栖类动物成为当时最重要的脊椎动物，而由原始两栖类动物中进化来的爬行动物，使脊椎动物完成了从水生到陆生的飞跃，也预示着爬行动物时代——中生代的到来。

3.给人无限遐想的恐龙世界

距今2.5亿年至0.7亿年是中生代,划分为三叠纪、侏罗纪和白垩纪,是爬行动物的时代,那些曾经称霸地球的恐龙、原始的哺乳动物和鸟类也在这时出现了。中生代繁茂的植物和巨大的动物,在后来的地壳变动中形成许多巨大的煤田和油田。

图1-6 新疆古生态园硅化木林

这时的地球,模样在不断发生变化,陆地不断扩大,海洋继续缩小,气候也变得干旱,导致适应温暖潮湿环境的节蕨类和石松类植物衰败,逐渐被以苏铁、银杏、松柏类为代表的裸子植物所代替(图1-6)。而到白垩纪晚期,被子植物又取代了裸子植物,占据主导地位。

同期的动物界则进入了恐龙时代,他们广布于海陆空,水中有鱼龙、空中有翼龙、陆地上有恐龙,可谓盛极一时,并成为这一时期的地球主宰。在世界各地发现了大量的恐龙化石,这为我们还原恐龙曾经在地球上的生活足迹与状况提供了直观的资料。从发现的恐龙骨骼来看,恐龙是一种爬行动物,具有现代爬行动物的特征。恐龙是一种终生生长的动物,一直到死才停止生长。人们根据恐龙骨盆结构的不同,还把它们分为蜥臀类和鸟臀类。前者的骨盆与现代蜥蜴相似,可以用四肢行走,后者与现代鸟类一样,一般只用两条后腿走路。三叠纪晚期,这两类恐龙开始崛起。

恐龙的种类多，体型也大小不一，最小的跟鸡差不多大，最大的可达10多米高，20多米长。

禄丰龙，因在我国云南省禄丰发现其化石而得名，是一种蜥龙类恐龙（图1-7）。根据化石可得知，禄丰龙长4~5米，高2~3米，脖子长，脊椎骨构造简单，长着小的三角形的头，嘴巴长，颚骨的关节面与牙齿几乎处于一个水平面上，牙齿细小，后肢粗壮，前肢较后肢短，脚上有五趾，趾端有粗大的爪。分布在世界各地的蜥脚龙长得与禄丰龙差不多，如头小、颈长、体躯巨大，有的可长达20多米，体重可达50吨以上，它们曾经是地球上生活过的最大的陆生动物。

图1-7 禄丰龙骨架 禄丰恐龙谷遗址馆藏

侏罗纪时期，恐龙中的蜥脚类空前繁荣，我国很多地区都发现恐龙化石。永川龙因化石首先在重庆市永川区发现而得名（图1-8），是一种大型食肉类恐龙，生活在侏罗纪晚期，头大而笨重，前肢相对短小但前爪锋利，牙齿尖锐，善于奔跑在浅丘丛林之中。它们的性情异常凶

图1-8 上游永川龙 重庆自然博物馆藏

图1-9 合川马门溪龙 重庆自然博物馆藏

猛,以捕捉其他植食性恐龙为食,包括躯体巨大的蜥脚类恐龙,以凶猛残暴而称霸于侏罗纪时代。在四川合川发现的马门溪龙化石(图1-9),全长22米,体重50吨。四川发现的剑龙化石,大小和亚洲象差不多,身披利甲,背上长着两排骨板,前肢短,后肢长,腰拱起,像座山峰,尾巴上长着"四齿钉耙"。新疆还发现过翼龙化石,它的翅膀张开后估计有9米长。

图1-10 诸城暴龙骨架 中华暴龙馆藏

在山东诸城,发现了世界上规模最大的恐龙化石群,被称为无与伦比的世界地质奇观。在这里出土了亚洲最大、中国唯一的暴龙——"巨型诸城暴龙"(图1-10)。还出土了世界上最大的鸭嘴恐龙化石骨架——"巨大诸城龙"(高9.1米,长16.6米),被誉为"世界第一龙"。另外还出土有"中国角龙"等极具代表性的恐龙化石,以及大量的恐龙蛋化石。在诸城市皇华镇大山社区还发现了恐龙足迹群,面积有5000多平方米,11000多个形态各异、大小不一、深浅不同的恐龙足迹排列在岩层上。经专家鉴定,至少有鸟脚类、兽脚类、蜥脚类等10多种恐龙在这里留下了足迹,较小的鸟脚类恐龙足迹仅有7厘米左右。

关于恐龙灭绝的原因,一直以来争论不休。有陨星撞击说、造山运动说、气候变化说、海洋退潮说、火山爆发说、物种进化说等。但所有这些假说,都掩盖不了恐龙无法适应新的生存环境而灭绝的事实。

知识小·提示

你认为恐龙灭绝的原因是什么?快点查阅相关书籍,或者到附近的自然博物馆看看吧!

4.哺乳类动物的出现

在三叠纪则出现了由原始爬行类向哺乳动物进化的过渡动物——卞氏兽,1938年由中国著名古脊椎动物学家卞美年首先发现而得名。它生存于三叠纪晚期至侏罗纪早期,肢骨与哺乳动物极为相似,是爬行动物和哺乳动物的过渡类群。

1861年在德国首次发现始祖鸟化石。始祖鸟生活在侏罗纪晚期,头部像鸟,有爪和翅膀,稍能飞行,有牙齿,与爬行动物近似,尾巴长,还属于恐龙的范畴,也是爬行动物向鸟类过渡的开始。

中生代的无脊椎动物的代表是菊石(1-11)。菊石起源于古生代中期,到中生代趋于极盛,几乎霸占了整个大海,甚至有人称中生代为菊石时代。不同时期的菊石,形态也有不同,代表性菊石有蛇菊石、叶菊石、船菊石等。随着中生代结束,菊石也和恐龙一起灭绝了。菊石类化石达数千种之多,在我国南方及东北乌苏里江一带,也发现了很多的菊石化石。

爬行动物的衰落和恐龙的灭绝标志着中生代的结束,随之而来的是新生代,距今0.7亿年左右,是地球历史上最新的阶段,分为第三纪和第四纪。它的时间最短,地球面貌同我们现在看到的状况基本相似。新生

图1-11 菊石 天宇自然博物馆藏

代也是动物和植物发展到最高级的阶段,植物中被子植物取代了裸子植物,使整个世界变得绚丽多彩。各种食草、食肉的哺乳动物空前繁盛,各种鸟类在空中飞翔,使地球表面变得热闹异常,因而又被称为哺乳动物和被子植物时代。真骨鱼类成为新生代水生动物中的主要成员,分布在淡水和咸水中。海生无脊椎动物也有了较大变化,中生代繁盛的菊石类完全灭绝。

第三纪早期,陆地植被以森林为主,食肉鸟类——不飞鸟漫步其中。海洋中则是以巨大的有孔虫为特征(图1-12)。哺乳动物与其他鱼类和爬行类动物相比,进化更为神速,产生了毛发,用来调节体温,以适应气候变化。它们还通过胎生的方式繁衍后代,用自身分泌的乳汁哺乳幼小的动物。哺乳动物还通过家庭的

图1-12 有孔虫 南京古生物博物馆藏

方式给予幼体更好的照顾,这个过程中幼体会从自己的父母那里学习生存经验,并一代代地传递下去。哺乳动物的胎生方式和哺幼的训练具有重要的进化意义,它能较快适应环境的变化,并使种群得以繁衍生息。

也是在第三纪早期,哺乳动物沿着不同的道路开始进化,有的成为食草四足动物,有的选择以丛林为家,有的选择重新回到水里,但是不管哪一个种类,它们都在利用和发展着自己的大脑。许多现代动物的祖先在这个时候出现了,比如始祖马、小骆驼、猪、古刺猬等,它们的脑容量比现存哺乳动物的要小得多。第三纪后期,海洋中大型

图1-13 东方剑齿象头骨 贵州省博物馆藏　　　图1-14 鼬鼩狗 上海自然博物馆藏

的有孔虫灭绝了，珊瑚飞速发展，形成珊瑚礁。陆地上开始出现大草原，新型食草动物开始繁盛，尤其是各种犀牛和古象达到了全盛（图1-13）。食肉动物也出现了，如原始狗、剑齿虎等（图1-14），另外还有各种古猿生活在森林中。这时期的动物种类是历史上最多的，哺乳动物种群也非常丰富，生物物种之间的更替更加频繁。

　　第四纪开始于300万年前直至今天，随着地球轨道的变化，地球上的季节长短也在变化，气候开始变得寒冷，南北极的冰川都开始增多，耐寒的北冰洋动物麝牛、长毛猛犸、披毛犀牛、旅鼠等成了世界的主宰（图1-15、图1-16）。这一时期，又有"冰川时代"之称，冰期和间冰期不断交替，对应的则是寒冷气候和温暖气候交互更迭。没有冰川的地区，则是潮湿和干旱季节的交替。在冰川作用和气候巨变中，动植物受到了

知识小·档案

冰川时代又称冰河世纪，时间跨越几千万年甚至二三亿年，这是一段持续的全球低温、大陆冰盖大幅度向赤道延伸的时期。

图1-15 披毛犀牛化石骨架 黑龙江省博物馆藏

图1-16 草原猛犸象牙 河北省博物馆藏

很大影响。第四个冰川期时,大陆冰盖向南扩展,动植物也随之向南迁移,第四纪后期,大型陆生哺乳动物发生过大规模灭绝。第四纪也是人类出现和发展的时期,因此有人称之为人类纪。

在山东省山旺国家地质公园发现的古生物化石极具代表性(图1-17),主要保存于距今约1400万年的中新世硅藻土层中。裸露在地表的硅藻土,像一页一页的书卷,每打开薄薄的一张,就会看到各式各样的动植物化石,因此古生物学家把山旺化石称为记载地球历史的"万卷书"。"书页"中的化石种类繁多,保存完整,均为世界罕见。目前已发现的动物化石包括昆虫、鱼、蜘蛛、两栖、爬行、鸟及哺

图1-17 山旺鱼化石

知识·小档案

发现于我国山东省临朐县山旺村的化石群,是世界罕见的古生物化石群遗迹,保存完整、门类齐全,具有不可替代的科学价值。

乳动物。昆虫化石翅脉清晰，保存完整，有的还保留着绚丽的色彩。山旺鸟类化石则是我国迄今为止发现的最完整的鸟化石，并且种类多。而三角原古鹿化石和东方祖熊化石是世界上中新世该化石保存最完整的。植物化石有苔藓、蕨类、裸子植物、被子植物及藻类。这些古生物化石在研究古生态、古气候、动植物演化等方面有着重要的地位，被中外专家誉为研究中新世的"综合实验室"。

沿着地球历史发展的时间轴，那些沉默的地质化石，帮助我们揭开了远古地球的神秘面纱，从最初的单一色调演变成后来的繁花似锦，展现在我们面前的是一幅幅壮丽的生物进化画卷。那些珍藏在世界各地博物馆的化石让人们得知并熟悉，同样在我国各地的博物馆中，也有丰富多彩的远古动植物化石的展出，让我们走进博物馆，聆听远古时代的声音，探究生命起源的奥秘吧！

第二章
生命的新纪元
——哺乳动物时代

在当今的地球上，最强大的物种无疑是我们人类。而从生物分类学上讲，我们人类属于哺乳动物。早在中生代后期（2.16亿年前），哺乳动物的祖先已经诞生了，因当时的爬行动物占据地球的霸主地位，所以哺乳类动物虽有一席立足之地，却无法取代爬行动物的地位，只能默默无闻地度过了漫长的岁月。

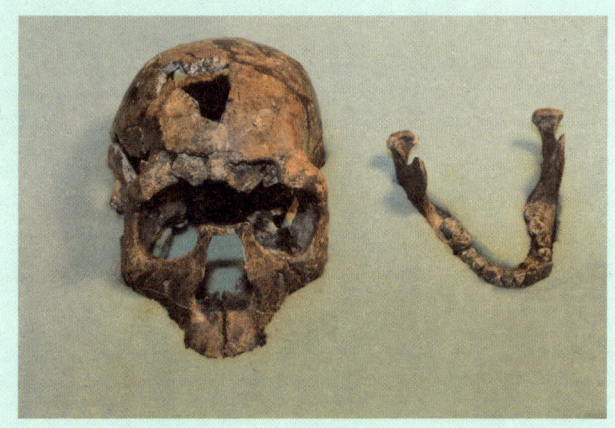

1.灵长类的出现及其繁盛

只有等恐龙在地球上开始衰亡的时候，哺乳动物才能够取代它们的地位，霸占它们曾占据的地盘。它们有的会游泳，有的会飞行，还有的会潜穴和攀缘等。这些哺乳动物中，有行动缓慢的食草动物，有食肉动物，有食虫动物和食腐动物，也有专门吃植物果实的动物等。约7000万年前，更高级的哺乳动物——灵长类及近灵长类动物的祖先出现了。灵长类祖先是一种以昆虫为食的原始哺乳动物，它们结构简单，个体小，留下的化石也很少，只有零星牙齿和髋骨化石保留下来。它们开始栖居在地面上，后来为躲避天敌，来到了森林，于是便习惯了树栖生活。在新的丛林生活环境中，它们的骨骼结构和牙齿发生变化，慢慢就进化成了灵长类。初期的灵长类动物，进化出了对称的拇指，能握住东西，这是灵长类巨大进步的标志，同时还产生了其他一些灵长类所独有的特征，比如立体视觉，可能还有色觉以及较

> **知识·小·提示**
>
> 为什么说对称拇指的产生是初期灵长类进化中巨大进步的标志？因为对称的拇指能让他们灵活地抓取东西和制造工具，而制造工具则是人类与其他动物的根本区别之一。

大的脑。灵长类产生的立体视觉和增大的脑容量就要求特殊的骨骼变化，例如眼睛必须移到头的前部，而凸出的口、鼻则大大缩小，相貌发生了改变，结果就是脸变平了，颅骨变大。

通过研究约5000万年前的灵长类化石（图2-1），我们得知早期猴类仍保留了许多与食虫类相似的骨骼特征，但其视觉和对生的拇指已充分发展。这些早期猴类数量庞大，分布广泛，有的一直生存至今。现存的代表有苏门答腊、加里曼丹和菲律宾的大眼睛小个体的眼镜猴；生存在非洲、印度和东南亚的懒猴个体也很小；还有非洲马达加斯加的狐猴（图2-2），是现存于世的最古老的灵长类动物

第二章 生命的新纪元——哺乳动物时代

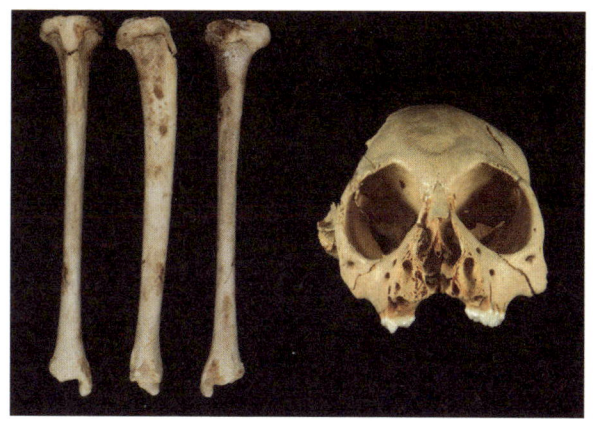

图2-1 灵长类化石

图2-2 狐猴

之一。狐猴曾经广泛分布在欧亚大陆，在距今5300万～3650万年前，从北方南下到达非洲，大约在始新世晚期横渡莫桑比克海峡，在马达加斯加登陆。因为岛屿与旧大陆分隔，没有大型食肉动物侵扰，也没有其他灵长类竞争，这些狐猴在舒适的环境中单独进化了3000万年，并不断发展壮大，演化成一个种类多样的狐猴家族，现存的有真狐猴、大狐猴、倭狐猴、指猴等20余种。

知识小档案

马达加斯加岛也被称为狐猴之岛，地球上所有种类的狐猴均产于此。狐猴多栖息于热带雨林或干燥的森林或灌丛，吃昆虫、果实、芦苇、树叶，偶尔吃小鸟，单独或以家庭方式结群。

在我国的始新世（距今5300万～3650万年前）地层中，也发现了类似狐猴的蓝田猴化石，还有类似跗猴的黄河猴化石。蜂猴又名懒猴，也是一种非常原始的猴类（图2-3），但出现的时间要比狐猴晚，栖于热带雨林及亚热带雨林中，完全在树上生活，极少下地，喜独自活动。它们白天蜷成球状隐蔽在大树洞中或在树枝上歇息，夜晚出来觅食，以植

知识小档案

跗（fū）猴又叫菲律宾眼镜猴，身长仅15厘米，而尾巴则长达25厘米，眼睛只能直视不能转动，生活在热带森林中。

017

图2-3 印度懒猴

物的果实为食，也捕食昆虫、小鸟及鸟卵，多分布于东南亚，在我国则分布于云南和广西南部。最早的懒猴化石出现于2000万年前的非洲东部肯尼亚松霍的古地层，后来经过非洲北部到达亚洲。

约3500万年前，北美出现另一支庞大的灵长类家族，骨骼构造与现代倭狐猴类似，已经具备了高超的弹跳能力和攀附抓握的运动方式，后来进化成形形色色的古猿猴并向欧亚大陆和南美大陆扩散。这些猿猴适应了树上生活，他们在森林中飘来荡去，直到今天大部分还是生活在树上。

美洲灵长类则均为阔鼻猴类（因两鼻的鼻中隔宽阔而得名），最早的距今大概有3100万年。在牙买加，先后发掘出的猴子化石有很多种，但都有同一特性：阔鼻、树栖、中等身量。

还有狭鼻猴，因两个鼻孔的鼻中隔很薄而得名。最早的狭鼻猴化石发现在埃及的尤法姆盆地，距今3500万~3000万年前，体型仅有松鼠那么大，但已具备了现代狭鼻猿猴的齿式。在埃及和利比里亚，还发现有1800万年前中新世的猴类化石，几乎全是双脊齿型，四个齿尖由两条横贯的齿冠相联，这已是典型的猴科动物的牙齿了。

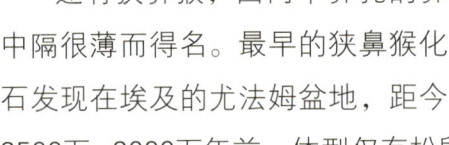

知识小·提示

阔鼻猴化石仅分布于加勒比诸岛及南美洲的新生代地层中，而中新世早期至中期化石分布在阿根廷及智利南部。那南美阔鼻猴从哪里来的呢？有人认为南美洲的灵长类是从北美进化而来的，它们从北美南下，找到适合猿猴栖息的亚马逊流域的热带雨林。还有人认为来自非洲，理由是在阿根廷发掘出了类似阔鼻猴的灵长类化石。

2.猴与猿的分化

2500多万年前,在前猴类的进化发展中,一支进化成猿类,一支进化成猴类。所以最早的猿类不是从真正的猴类变来的,而是与真正的猴类是同一祖先。猴类和猿类分道扬镳,它们各自沿着自己的道路进化发展,而人类就是从古猿一支进化来的。

距今1500万年前的中新世中期猴类化石证实,猴科动物已经分化为疣猴亚科和猴亚科。通过对中新世晚期(1000万年前)的疣猴牙齿化石研究,科学家推测现代疣猴的雏形已经出现。在950万年前,一种大型的猴子已经从非洲进入欧洲,随后欧洲的食叶性猴子又向亚洲迁徙。在中东如伊拉克的杜胡克地区,有叶猴类的生存遗迹,亚洲最早的叶猴类遗迹见于印度的西瓦利克山,现在的叶猴主要生活在东南亚地区的热带雨林中(图2-4)。而真正的非洲疣猴祖先,则以非洲东南部的上新世地层两处疣猴化石的发现为代表(图2-5)。

图2-4 白头叶猴

图2-5 黑白疣猴

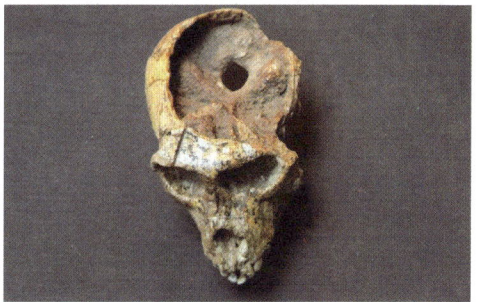

图2-6 猕猴头骨化石 湖南省邵阳市博物馆藏

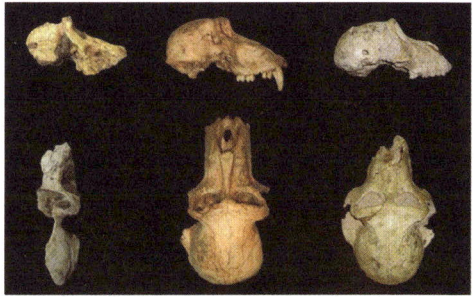

图2-7 南非发现的狒狒化石

  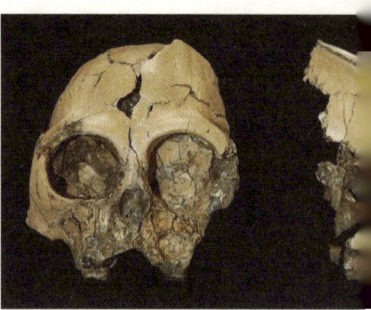

图2-8 阿喀琉斯基猴化石　　图2-9 埃及猿　　图2-10 昭通古猿头骨化石

大约600万年前，猴亚科也从非洲北上踏进欧洲。在法国南部的佩克尼昂，发现一种距今450万年前的猴子化石，从骨骼类型看，比较像猕猴。在欧洲南部，还发现有距今200万年前的类似狒狒的猴亚科化石。猴亚科进入亚洲的时间也比疣猴晚，在印度曾经发掘出200万年前的猕猴类化石，类似的猕猴化石在中国也有发现（图2-6）。

从挖掘于肯尼亚的500万年前的狒狒化石得知，当时的狒狒还不具备现代狒狒的吻部棱角和下颌的脊骨，体型中等，呈半地栖生活。上新世晚期，狒狒开始发生辐射进化，逐渐形成变种，从南非到埃塞俄比亚，都有其踪迹。从埃塞俄比亚奥莫河发掘的狒狒化石看，当时有很多不同种类的狒狒生存（图2-7），它们是适应了稀疏干旱草原乃至沙漠环境的灵长类动物，至今保持了树栖的生活属性。

猴亚科的另一条进化路线是森林灵长类。在非洲，包括长尾猴、赤猴、喀麦隆猴、短肢猴等，这些大大小小的长尾猴，因为化石记录很少，进化的时间尚难确定，目前最早的长尾猴化石发现于肯尼亚，从解剖学特征看，长尾猴当初为地栖，随着环境的改变，逐步改变成我们今天看到的树栖了（图2-8）。

知识小·提示

哪种猿类是最早的呢？有人认为是发掘于埃及渐新世地层的埃及猿（图2-9），它介于猴和猿之间，并且它进化成为中新世和上新世的森林古猿。但也有人认为，最早的古猿应属发掘于肯尼亚和乌干达的距今2300万~1500万年前的灵长类化石，它的个体几乎与现代的黑猩猩一样大（图2-10）。

在灵长类进化过程中，猿类的出现与人类最为接近。距今1350万~1000万年前，欧洲有一种森林古猿，后来在非洲、亚洲也有发现。这些早期猿类具有较大的门齿，从其形态特征看，是以食果为主的树栖猿类，可能就是现代猿类的直接祖先。

距今1500万~900万年前，在非洲和亚洲出现了"腊玛古猿"（图2-11）。腊玛古猿和森林古猿的关系比较近，但门齿和犬齿都很小，臼齿相对较大。腊玛古猿已经适应地栖的群居生活，并可离开森林到稀疏干旱的草原和林间的开阔地带觅食。从印度发掘的两块腊玛古猿的颌骨看，它们上颌开始缩短，与人类更为接近，因此1400万年前至1000万年前的腊玛古猿是从猿到人的过渡阶段的早期代表。1980年，中国科学家在云南禄丰也发现了腊玛古猿的头骨化石，时间大约在1400万年前。腊玛古猿一支进化成人类，而另一支进化成黄猩猩。

长臂猿是仅存于东南亚的无尾的、小型的类人猿，但其1800万年前的一种灵长类祖先却在非洲的肯尼亚发现。在欧洲中新世中期的地层中也发现过小型的长臂猿化石，被称为树猿和细猿。在印度西瓦利克山发现的一颗长臂猿牙齿化石距今1000万~800万年，中国也发现了距今200万年前的长臂猿化石。

巨猿是一种已经灭绝的猿，生存在距今100万~30万年前的中国、印度及越南。根据化石推测，巨猿站立时高可达3米、重600公斤，有巨大的臼齿，很可能

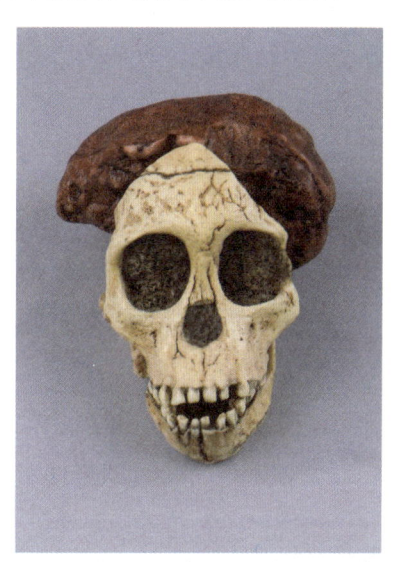

图2-11 非洲南方古猿头骨 北京自然博物馆藏

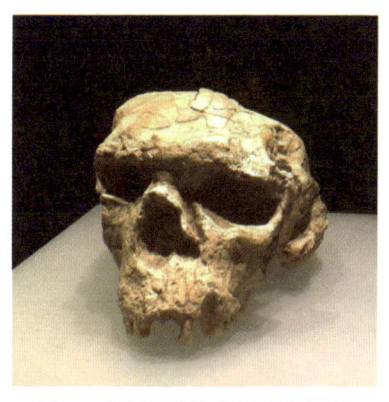

图2-12 巨猿复原头像 北京自然博物馆藏

是世界上最大的猿（图2-12）。1955年以来，在中国广西已经发现三个巨猿的下颌骨化石和近千枚牙齿化石。

3.类人猿的发展

当冰雪再次由北方袭来的时候，古猿分为了两支，一支继续向南方的森林转移，过着适合森林环境的树上生活，于是发展成为现在的长臂猿、猩猩、黑猩猩和大猩猩，它们是人类的堂兄弟，无论血型、骨骼、面部表情以及萌芽状态的意识都和人类极其相似。古猿的另一支，离开森林谋生，它们历尽雨雪冰霜，跨越千难万险，熬过了艰苦和严寒的岁月，走上了一条意义重大的进化道路。它们逐渐适应了地上的生活，前赴后继、一代接着一代，顽强地生活下去，终于进化成人类的早期祖先——猿人。

距今约1400万年前，地球上的气候发生了剧烈的变化，热带地区逐渐缩小，森林面积也随之锐减。原来一年四季都能找到食物的地方，此时只能在某些季节才能找到，这对森林古猿的生活产生了很大的影响。那些住在热带地区的古猿，由于林木依然茂密，继续按原有的方式生活。但另一部分古猿居住在气候变得温寒的地区(主要在非洲南部和东部)，由于森林消失，被迫来到地面，在草原、江湖地区觅食，原来在森林居住时养成的悬臂动作和屈肢行走的习惯也渐渐改为两足行走，因为直立的姿态可以看

知识·小·提示

科学家通过对比人类和黑猩猩的基因，发现两者基因相似度达98.4%，它们都具有群居生活、社会关系、使用工具、共享食物的共同特点。它们用自己的乳汁哺育下一代，身型小，眼睛是圆的，嘴巴和鼻子突出，身长少于1米，在巢穴或者是洞穴中生活，以昆虫为主要食物。人类利用黑猩猩进行了很多实验，对此你有什么看法？现在越来越多的人士反对利用黑猩猩做实验，理由就是人类与黑猩猩的基因高度相似，其行为和社会行为都更近似于人类。

得更远，不仅易于寻找和猎取食物，而且可以及早发现潜在的危险。用双足直立行走的结果是双手可以越来越多地从事其他活动，这就完成了从猿到人转变的具有决定意义的一步。

在目前发现的腊玛古猿化石中，以肯尼亚发现的年代最早。肯尼亚腊玛古猿已经能使用天然石块作工具，用它打开野兽的头颅，吃它的脑子，或者敲碎骨头，吃它的骨髓。肯尼亚古猿的犬牙比森林古猿和现代类人猿更近似于人的犬牙，其犬牙窝也长一块有助于说话时嘴唇运动的筋肉。这说明能利用天然工具的肯尼亚古猿，已开始有了语言。而工具和语言的使用，以及吃肉习惯的养成，都有助于身体和大脑的发展，从而促进从猿到人转化的完成。

第三章
非洲
——人类最初的伊甸园

最初，非洲是我们唯一的家园。当人类在非洲进化时，我们的祖先被锁在了那里，为了生存而痛苦挣扎，在数百万年的时间里，我们身边大多数的动物都灭绝了，我们的近亲也不例外，在历史上，我们只不过是许多猿人分支中的一种，大家都在进化的过程中不断尝试，但其他分支都灭亡了，只有我们活了下来。

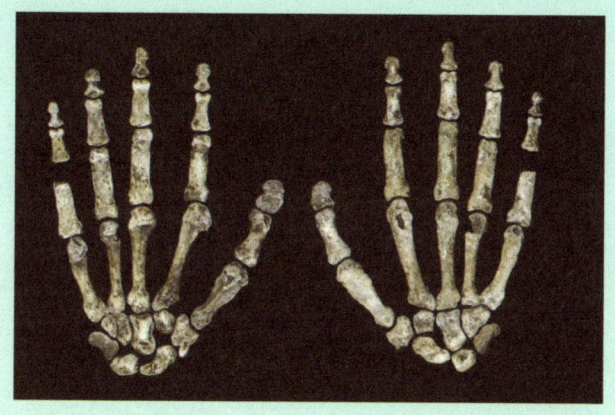

1.非洲，我们的祖先曾被锁在了这里

距今550万~130万年前，继腊玛古猿之后，从猿到人过渡阶段后期的代表是生活在非洲和亚洲的南猿，它们是"正在形成中的人"的晚期代表。

1924年，澳大利亚人达特在南非约翰内斯堡的一所大学任解剖学教授。他对化石非常感兴趣，经常鼓励他的学生在课余时间去寻找化石。他还叮嘱附近采石场的场主，如果发现化石一定要告诉他。后来，附近采石场的场主真的给他送来了两箱化石。达特先生在里面找到了一个不完整的小孩头骨化石，因为这个头骨化石发现于汤恩附近的采石场，因此被命名为汤恩男孩，这是人们第一次发现南方古猿化石。根据牙齿情况，汤恩男孩大概生活在200万年前，和猿还有一些相似的特征，比如脑袋很小，嘴巴向前突出。但他也有一些人的特征，比如吻部与猿类相比已经不那么突出了，研磨食物的臼齿咬合面平整，齿尖不发达，犬齿小。更让人惊喜的是，汤恩男孩的枕骨大孔的位置已经接近于头骨底部中央。达特据此推测，汤恩男孩已经能够直立行走。但可惜的是，汤恩男孩在人类进化史上的地位在当时并没有获得承认。在汤恩男孩发现后，又有一些学者在南非开始了探寻工作，先后发现了数百件南方古猿化石标本，共约50多个个体。这50多个个体可以分为两种，即南方古猿纤细种和南方古猿粗壮种，他们都能直立行走（图3-1）。

到了20世纪50年代后期，在非洲寻找人类化石的活动，逐渐转移到东非的埃塞俄比亚、肯尼亚和坦桑尼亚一带。东非有一条由

> **知识小档案**
>
> 汤恩男孩在当时不被承认的原因：一是人们不承认自己的祖先是古猿，二是因为种族歧视，人们不愿意承认人类发源于非洲这块贫瘠的土地上。

图3-1 南非古人类"小脚"

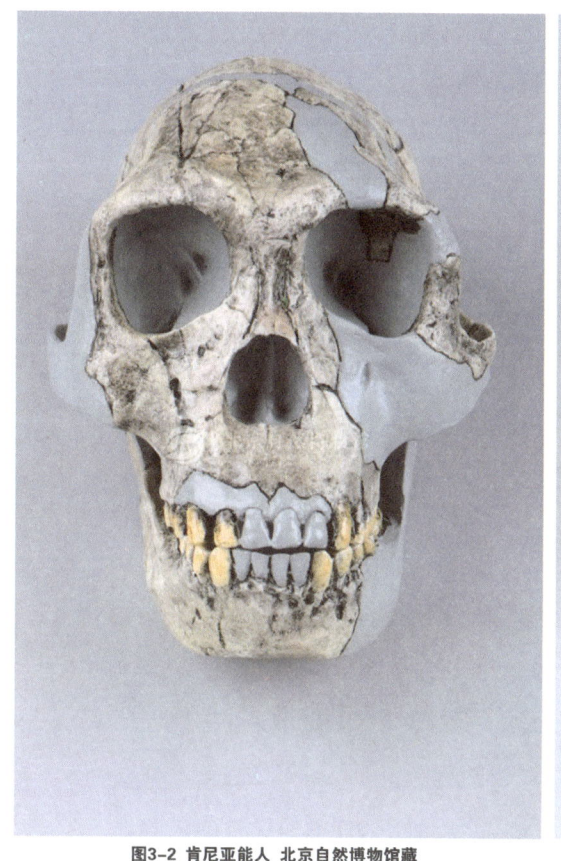
图3-2 肯尼亚能人 北京自然博物馆藏

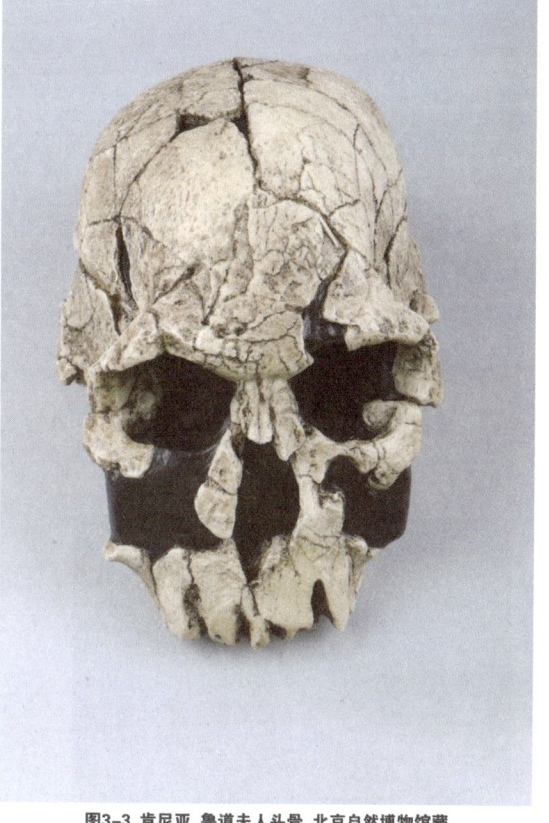
图3-3 肯尼亚 鲁道夫人头骨 北京自然博物馆藏

南到北的大裂谷，由系列峡谷和湖泊组成，还有几百万年以来火山喷发造成的大量火山沉积物，可以用来准确地测定这些埋藏在火山层中的化石的年代。1959年，古人类学家路易斯·利基夫妇在坦桑尼亚的奥杜威峡谷发现了一个粗壮型南方古猿近乎完整的头骨和一根小腿骨。利基夫妇将这个头骨所属个体的种命名为鲍氏东非人，用以答谢查尔斯·鲍伊斯先生曾经对他们夫妇在奥杜威峡谷和其他地区工作所提供的支持，后又改为南方古猿鲍氏种。他们认为，鲍氏种是粗壮种的东非变体，确定这类古猿生活在距今175万年前。在这次发掘中，还发现了石器和灭绝动物被打碎的骨片。

1960年，在发现"鲍氏东非人"头骨地点附近，路易斯·利基的儿子乔纳森·利基发现了一个10~11岁小孩的部分头盖骨和下颌骨，不同年龄人的手骨，一根成年人的锁骨和近乎完整的足骨。1963年，在同一地点又发现了一件头骨和附有大部分牙齿的下颌骨。对这些化石的研究表明，这是一种比"鲍氏东非人"更进步的人。其脑量比"鲍氏东非人"几乎大出50%，头骨的形状更为进步，牙齿比"鲍氏东非人"小，生活于距今178万年前，被命名为"能人"，意思是"手巧的人"或"有技能的人"，成为人属的第一个早期成员。路易斯·利基相信，那些在"鲍氏东非人"的发掘中找到的石器是"能人"制造的，破骨片也是"能人"打碎的。他认为，虽然南方古猿是人类早期祖先的一部分，但只有"能人"才继续向后一阶段的人类演化，并最终产生现代人。此后，在埃塞俄比亚和肯尼亚，又发现了一批"能人"化石（图3-2、图3-3）。

从20世纪60年代开始，在埃塞俄比亚的奥莫河谷和阿法地区的哈达尔，发现了大量的南方古猿化石，包括350万~150万年前的人科化石。1973年在哈达尔发现的两段距今约350万年的腿骨骨头化石，显示出这时的古猿已经具有直立行走的能力了。1974年，美国古人类学家约翰松在同一地区发现了一具女人的大部分骨架，命名为"露西"（图3-4）。根据对她的骨盆、脊柱和膝盖骨的研究，可以肯定她是两足直立行走的，生存年代测定为340万年前。1976年，玛丽·利基在坦桑尼亚的莱托里地区，发现了一组凝结于火山灰中的人类足迹。这组370万年前留下的足迹相当

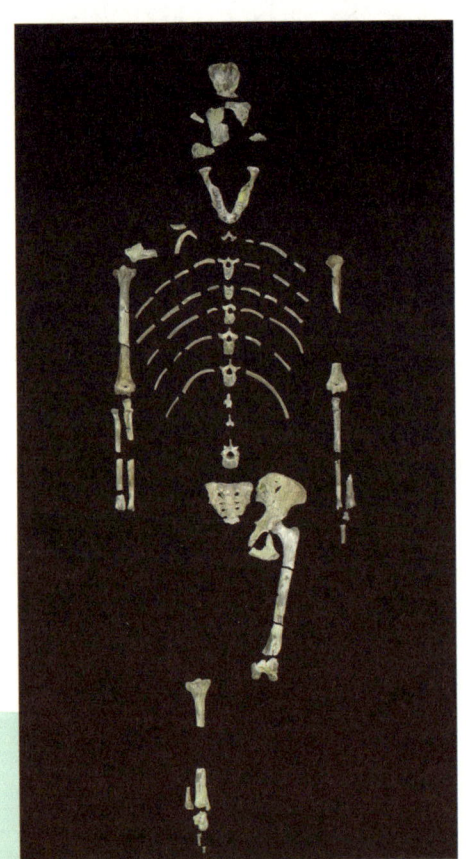

图3-4 "露西"骨架

图3-5 南方古猿阿法种

图3-6 南方古猿阿法种复原图

完好，对其进行的年代测定也相当可靠。根据对足弓形态和步态的分析，可以认定是直立行走时留下的，上述发现是人类两足直立行走最早的证据。根据对哈达尔和莱托里化石的对比研究，约翰松等认为，这两个地点的标本非常相似，即都能完全两足直立行走，且都有较小的脑子和大的犬齿，应归入一个新种——南方古猿阿法种（图3-5、图3-6），它既是南方古猿非洲种的祖先，又是"非洲能人"的祖先。阿法种在进化的过程中，一支经过南方古猿非洲种演变成粗壮种和鲍氏种，并最终灭绝。另一支发展成"能人"，再到直立人和智人。

知识小档案

人类的进化起源于森林古猿，而南方古猿被称为"正在形成中的人"，南方古猿中的一支进化成能人，能人即能制造工具的人，是最早的人属动物。直立人懂得用火，开始使用符号与基本的语言，能使用更精致的工具，是智人的祖先。

20世纪90年代以后，东非的早期人类化石研究又获得了新的突破。1994年美国古人类学家怀特等宣布，他们在埃塞俄比亚阿法盆地发现了440万年前的大量人科化石，并命名为南方古猿始祖种，表示这是迄今发现的最古老的人类直接祖先。在此之后，理查德·利基的妻子梅亚维·利基与美国古人类学家沃克在肯尼亚图尔卡纳湖西岸，又发现了420万年前的南方古猿化石，定名为南方古猿湖畔种（图3-7、图3-8）。

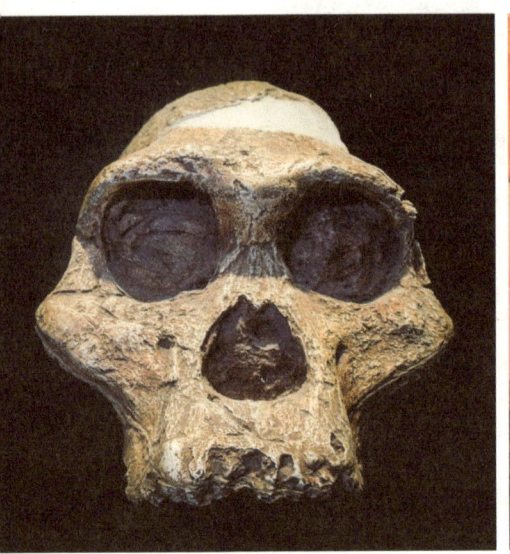

图3-7 南方古猿湖畔种　　　　　　　图3-8 南方古猿湖畔种复原图

这些在非洲发现的南方古猿化石，都具有直立行走的相同特点，但也有一些差别：有的身体粗壮，脑子比较大；有的身体比较矮，脑子比较小；有的有比较明显的类人猿的特征，有的明显属于人的类型。它们有的已经会使用天然工具，离开了森林，活动在开阔的草原地带。南方古猿在从猿向人的转变过程中，失去了一些猿的特征，比如尖锐的牙齿和锐利的爪子，从树栖的丛林生活来到了地面，生活环境发生很大的改变。在当时，与其他凶猛的动物比起来，南方古猿处于弱势，所以生存是非常艰难的。南方古猿没有能力去追捕凶猛的动物，反而很可能成为其他动物的美食。因此，科学家推测南方古猿为适应生存，他们的生活方式可能为群体生活。他们组成一个集体，共同寻找食物，共同防止其他猛禽野兽的攻击，发现的"古墓地"也证明了这一点。

距今700万年前的乍得沙赫人，又名乍得人猿（图3-9、图3-10），被称为最古老的人族祖先之一，也是公认的最早的人科动物，是人类和黑猩猩最近的共同祖先。乍得沙赫人的化石包括一个比较细小的头颅骨、5块颚骨和一些牙齿，脑腔为340~360立方厘米大，与现存黑猩猩的差不多，而与人类的1350立方厘米相比则小很多。

知识·小·档案

古墓地又被称为"第一家庭"，是约翰森率领的一支国际考察队在哈达地区发现的。古墓地里凌乱地埋葬着许多碎骨化石，至少有13个人以上，这些人中有男有女，有大人也有小孩。这种场面的发生，很可能是因为某种自然灾害，比如泥石流或山洪爆发突然来临，而这10多个人当时正在一起集体活动，来不及躲避，一下子被冲垮的石头淹没，并埋藏在一起，所以约翰森把他们称为"第一家庭"。

距今610万~580万年前的图根原人，是已知与人类有关的最古老祖先之一，发现的化石最少来自5个个体，包括大腿骨、右肱骨和牙齿（图3-11、图3-12）。从大腿骨得知他们是直立行走的，从肱骨部分得知他们能攀树，从牙齿状况得知他们主要吃生果及蔬菜，有时会吃肉，可见他们的食性与现代人类相似。

图3-9 乍得人头骨　　　　　　　　　**图3-10 乍得人复原图**

图3-11 图根原人

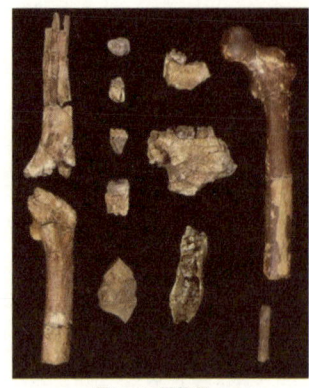

图3-12 图根原人复原图

图3-13 肯尼亚平脸人

图3-14 肯尼亚平脸人复原图

距今360万~320万年的肯尼亚平脸人，与南方古猿生活在同一时代，是由考古学家美芙·李奇团队2001年在肯尼亚北部找到的，由一堆骨头碎片拼成了一个相当完整的头骨，它的某些特征与南方古猿相似，却长着一张很现代的平脸，被称为"肯尼亚平脸人"（图3-13、图3-14）。与"露西"相比，"肯尼亚平脸人"的脸部较平板，脑部比较小，而且它的臼齿也很小，这说明了它的族群与"露西"的族群饮食习惯不同。

自从20世纪70年代以来，人类学家发现了越来越多的证据，表明现代人类并不是沿着直线进化而来的，而是同时存在许多种，每一种都在适应不同的环境，但只有少数种能生存下来。

2.走出非洲，去寻找更适合生存的地方

早期的南方古猿同现在的猿类一样，不会有意识地使用和制造工具，尽管他们会临时使用树枝、木棍和石块等作为工具，但用完就扔了。到了后来，考古学家在埃塞俄比亚发现了一些石器制造的工具。这些石器工具极其简单，如用一块合适的石锤猛击一块大的砾石，就可以产生几块尖利的石片，人们用这些石片可以切开较大的、刚死去的食草动物的坚韧皮革，割下肉块分享食用。能制造和使用这些砾石工具的原始人类，被称为非洲能人，他们一般被认为是人类最早的石器制造者。

非洲能人的命名与利基家族的卓越贡献是分不开的。利基家族是一个对考古学、人类学作出突出贡献的家族，从1923年开始，这个家族就在非洲为揭开早期人类的神秘面纱而努力工作。其中路易斯·利基夫妇最为杰出，有"人类学第一家庭"之美称。路易斯·利基出生于英国传教士家庭，很小随父母到了肯尼亚，在内罗毕附近的一个名叫基库峪的非洲人部落长大。这种独特经历，使路易斯·利基对当地的动植物和各种工具产生了浓厚的兴趣。当时很多人类学家倾向于亚洲是人类的发源地，而路易斯以其罕见的勇气不断地用珍贵的实物来证明人类起源于非洲。1931年，在坦桑尼亚北部发现的早期人类骨架使路易斯断定这是非洲最早的近代人类，就是这个地方成了利基家族发掘和研究的野外工作地。1959年，路易斯·利基的夫人玛丽·利基发现了举世闻名的原始人——"津吉人"头盖骨，它的年代约距今175万年。他们的二儿子理查德·利基也是一位出色的考古学家和人类学家，1967年理查德·利基在参加衣索比亚奥莫河流域的探险中，发现了肯尼亚鲁道夫湖（即今天的图尔卡纳湖）的库比福勒遗址，并对该遗址出土的若干石器作了初步研究。在接下来的10年里，理查德·利基与工作伙伴就从这个遗址，发掘整理了可能代表230个个体

的近400块人类化石，使库比福勒遗址成为当时世界上最丰富、最复杂的早期人类化石遗址。在1977年与科学作家卢因合写的《论人类起源》和1978年《湖滨民族》两本书里指出，约300万年前，有能人、非洲南猿和鲍氏南猿3种人科动物的存在，他认为两种类型南猿最后灭绝，能人进化到直立人，而直立人则成为现代人类智人的直系祖先。理查德·利基提出这一观点的重要论据是一个几乎完整复原的化石头骨，该头骨是由1972年所发现的300余块碎片组成，利基认为它代表了逾200万年前的能人。

总体来说，非洲能人的体质特征集中表现在，他们增大的脑容量、较小的后牙尺寸以及精确的抓握能力，其中精确的抓握能力是制造工具必须具备的能力。而非洲能人与南方古猿在体质上最大的差别就是脑容量的不同，非洲能人的脑容量是610毫升，而南方古猿的脑容量平均是469毫升。尽管非洲能人还有攀爬树木的能力，但已经具有了比南方古猿更加完善的直立行走的能力。

1972年，理查德·利基领导的研究小组在肯尼亚发现了许多人属化石，除了能人化石外，还发现了两个不同于能人的个体化石，他们的生存年代与能人相近，但他们比能人有更大的脑容量，达到了776毫升。他们的面部较长，上颌呈方形，上颚短小且薄，后牙硕大，其大脑前叶的结构与现代人相似，因此许多学者建议给予一个新的命名，从而被称为鲁道夫人。

当冰期来临的时候，海平面下降，红海干涸，这些非洲"能人"就可以从非洲大陆徒步走到欧亚大陆。大概在距今200万～180万年，非洲的"能人"走出了非洲，进入亚洲和欧洲。以色列境内的约旦河谷，是东非大裂谷的北延部分，人们在以色列的乌贝蒂亚、格鲁吉亚的德玛尼西、巴基斯坦的伯比山找到了早期人类迁徙的遗迹。我国的"巫山人"诸遗迹也是这样的遗迹之一。没有迁徙的非洲"能人"演化成"匠人"，迁移到亚洲的演化为智人。

走出非洲的人类散布世界各地，在世界各地发现的大量骨骼化石也可以加以佐证。1907年发现的海德堡人（图3-15、图3-16），曾一

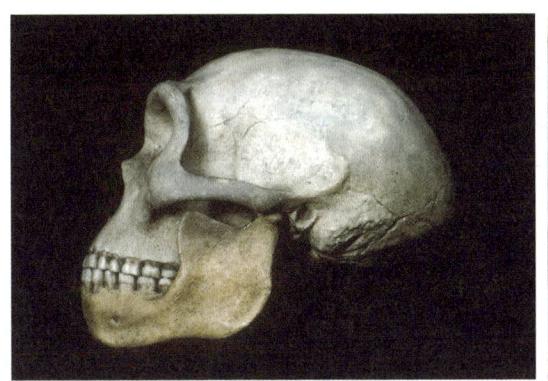

图3-15 海德堡人

图3-16 海德堡人复原图

度被视作欧洲的猿人或是向尼安德特人过渡的类型。1994~1996年，在西班牙北部阿塔普卡地区，发现了80多件人类化石，距今78万年以上，被认为是海德堡人的祖先。而在之前的1991年9月，在格鲁吉亚东南边境一个名叫德玛尼西的地方，也发现了一具保存完整齿列的下颌骨，形态呈直立人型，以后又发现比较完整的距今180万年的头盖骨化石，故德玛尼西人被认为是非洲以外已发现的年代最古老的直立人化石之一，也是迄今欧洲最早的人类化石（图3-17、图3-18）。

对于离开非洲的人类来说，当时的欧亚大陆一定是个宛如世外桃源般的地方，无论在沿海还是内陆，他们都可以轻松地采集到食物。

约6万年前，生活在东非的早期人类开始向北迁移，约5万年前，他们到达了中东地区，在这里分成2支，一支继续向北向西迁徙，成为现代欧洲人的祖先；另一支往东，成为现代中国人以及其他亚洲人的祖先。俄罗斯科学家阿尼克夫契及其研究小组人员在莫斯科以南的考斯顿克遗址中，找到了距今4.5万年至4.2万年的一批旧石器时代的物品，并发现了人类牙齿化石，说明在这个时期非洲的现代人已经到达俄罗斯。在很长一段时间里，这两支早期人类互不交流，各自

图3-17 德玛尼西人头骨化石　　　　　图3-18 德玛尼西人复原图

演化。穿越中东后，我们的祖先经过南亚次大陆，来到东南亚。在这里，东亚人群开始孕育，并且陆续北上进入东亚内地。其中部分人朝北方迁移，大约在3万年前抵达我国广西。还有一支早期人类在缅甸停留了上万年之后，在两万多年前直接从云南边境进入了中国。从这个"入口处"（云南和广西）开始，我们的祖先沿着数条路线向我国其他地方渗透，并在迁移过程中分化出了各个民族的祖先。

在最后一次冰河期最寒冷的时期，全球海平面下降，很多陆地露出水面。第一批人类走出非洲后，就一直沿着非洲海岸、南亚海岸、东南亚海岸迁徙，到达了今天的澳大利亚。在澳洲发现了年代久远的古人类遗体，最保守的估计距今也有4万年之久。澳洲古人类遗体的发现具有非凡的意义，证明了现代人在到达欧洲之前，就已经到达了澳洲。通过调查分析世界各地人群的DNA分布情况，人们得知从非洲走出的这个很小族群，经过繁衍生息，最后分散到了世界的各个角落。

关于现代人起源的理论，走出非洲理论是被多数人认可的，而且得到越来越多分子生物学证据的支持。通过世界各地人种的基因比对，世界各地的科学家发现了令人信服的新证据，表明现代人的祖先起源于非洲，而不是独立起源于世界上不同的区域。

第四章
旧石器时代的中国猿人

人类是从哪里来的？在中国也流传着不少美丽的传说，比较著名的有盘古开天辟地、女娲抟土造人等。我国一些古代小说中，往往开头都写道："自从盘古开天地"以来如何如何。根据相关文献的说法，在天地开辟之前，天地原本浑沌得像一个鸡蛋，盘古生在其中，过了一万八千岁，然后天地开辟，阳清者（意指蛋清部分）形成了天，阴浊者（意指蛋黄部分）形成了地。随着天的增高、地的增厚，盘古也一天天增加身体长度。他的头和四肢变成五岳，血液和眼泪变成江河，眼睛变成日月，毛发变成草木；他呼气变为风云，声音变为雷霆，目光变为闪电；他睁眼是白天，闭目是晚上；开口为春夏，闭口为秋冬；高兴为晴天，生气为阴天，等等。而在女娲抟土造人的传说中，女娲仿照自己的样子用泥巴捏成人形，后又用枝条甩出更多的人，女娲让他们结为夫妻，自相繁衍。这样，就出现了人类。

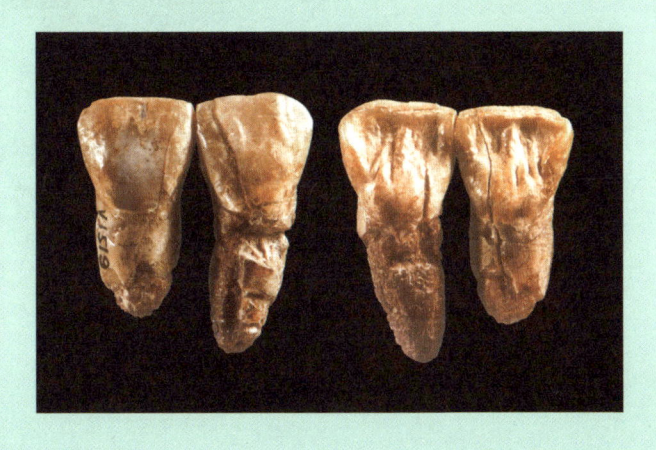

1.中国境内的远古人类

这些传说只是传说而已。事实上，天地是在亿万年的运动中自然形成的，人类是生物进化的产物。达尔文在1871年发表的《人类的起源与性的选择》中提出，人类起源于动物，人类和现存的类人猿有着共同的祖先，是从灭绝的古猿进化而来的。随后，恩格斯在1876年发表的《劳动在从猿到人转变过程中的作用》中指出，劳动是整个人类生活的第一个基本条件，劳动创造了人本身。从而把人同动物区别开来，最终科学地阐明了人类的起源问题。目前，世界上最早的人类祖先是在非洲发现的。那么，中国发现过远古人类的遗迹吗？

古人类学家根据古人类的体质特征，将其分为直立人（猿人）、早期智人（古人）、晚期智人（新人）三个发展阶段。在远古时期，我国南部由于气候温暖，有广大的森林地带，那里生活着许多古猿。1956年和1957年，先后在云南开远县小龙潭煤矿发现10枚古猿牙齿化石，最初

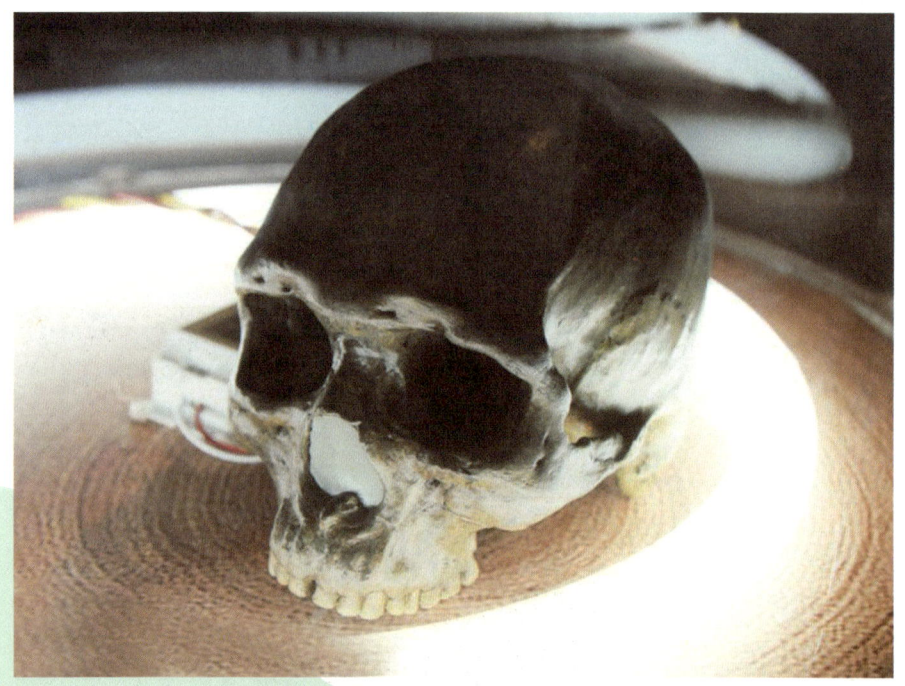

图4-1 禄丰古猿头骨化石

第四章 旧石器时代的中国猿人

认为它属于森林古猿，定名叫开远森林古猿，距今800万年前。后来经过研究，认为其中有一部分牙齿应该归属腊玛古猿，距今1000多万年前。最近又在云南禄丰县发现了大批古猿化石（图4-1）。

新中国成立后，我国的科学工作者多次到广西考察，获得了许多古生物化石，其中就有一种巨猿的牙齿化石。这种牙齿比现代人的牙齿大得多，但是有些特征跟人的相似，后来我国科学工作者在湖北也发现了巨猿的化石。1968年和1970年，在湖北巴东县和建始县也发现几枚牙齿化石，认为是属于南方古猿的。这表明，巨猿在我国的某一地质时期曾经有广泛的分布。在我国南部和西南部发现的许多类人猿的化石，从腊玛古猿到南方古猿，几乎各种类型都有。从20世纪60年代以来，人们将腊玛古猿和森林古猿化石重新进行了比较与分类，明确了腊玛古猿和森林古猿的主要区别。大多数学者认为腊玛古猿是从猿类系统中分化出来的人类早期的祖先，而森林古猿则继续向猿类方向发展。

1980年12月1日，由吴汝康率领的发掘队在云南禄丰石灰坝发现了一个比较完

> **知识小·档案**
>
> 禄丰古猿是发现于中国的古猿化石，距今约800万年前，最早于1975年发现，地点位于云南禄丰县城北庙山坡石灰坝褐煤地层中。1987年，研究者把禄丰的标本修订为禄丰古猿属禄丰种，它们可能是向南方古猿和非洲猿类方向进化的一种类型，或与之接近的类型。

图4-2 元谋人博物馆

039

整的腊玛古猿头骨化石。距今800多万年前，禄丰腊玛古猿就生长在云贵高原禄丰盆地，山上森林茂密，杂草丛生，各种各样的植物生长其间。森林中长臂猿、猕猴穿行其间，森林边缘的湿地上马、犀牛、象和羊等在悠闲地散步。

1987年，在云南省元谋县发现了4枚古人类牙齿及动物、骨器等的化石。经研究，这些古人类牙齿化石距今约250万年，是世界上迄今为止发现的最原始的人类牙齿化石。这4枚牙齿化石，代表早于猿人阶段的另一类进化阶段，现保存于元谋人博物馆（图4-2），它填补了我国乃至全世界从猿到人进化过程中的重要环节，具有划时代的意义。

到目前为止，已知我国境内曾经活动过的原始人群，其遗址约有数十处。这些遗址遍布在北起辽宁，南及云南，西至陕西，东到安徽的广大地区，而以沿黄河、长江两大河流域分布最为密集。20世纪

图4-3 巫山猿人下颌骨 重庆自然博物馆藏

60年代以来，在中国境内发现了许多旧石器早期的人类化石和文化遗址，这为研究早期人类在中国境内的迁徙和扩散及文化的传播提供了大量资料。早期人类在中国境内是由南向北逐步扩散和迁徙的，他们生活在秦岭至淮河一线以南地区；中期人类生活范围扩大到淮河以北、黄河以南地区；晚期以后，直立人的活动范围继续向华北和东北地区扩大。

目前发现的我国最早人类是巫山猿人，遗址位于我国三峡腹地的重庆巫山县龙坪村。巫山猿人遗址也被誉为"中国人类历史最早的摇篮"。在古人类学家黄万波的带领下，从1984年开始进行艰苦的工作，发现了两件距今204万~201万年前的巫山猿人化石（图4-3、图4-4）。一件带有两颗牙齿的一段人属下颌骨，而从牙面的磨蚀程度看，这是一个老年女性的牙齿，她后来被命名为"巫山老母"。在巫山猿人属化石的黏土层中，还有一颗猿人牙齿，初步确定为人类上门侧内齿，根据磨蚀程度和原始人类牙齿形态特征，判定这是一颗少女牙齿，于是便命名为"巫山少女"。

图4-4 巫山猿人发现地龙骨坡遗址

国内多家媒体也对巫山人的发现给予了关注。《长江商报》报道说，2004年10月，年过古稀的黄万波领衔的中法联合考古队在龙骨坡的一次重大发现，让队员们受到了强烈的震撼。这天上午，考古队员小心地揭开一层薄薄的泥土，一节一节的食草类动物的肢骨渐渐露了出来。随着发掘的继续，出现了一片让人惊愕的奇观：重叠堆积在一起的动物化石有近两平方米，包括象、鹿、牛的前肢和后肢，其间还有石器和石片。这批动物化石上有明显的石器砸削痕迹。黄万波认为，"发现大量的大型动物只有前、后腿骨化石，说明古人思维意识的发展——在外打猎无法搬动大型动物时，就将肉最多的前后腿砍下搬回洞中。"

西侯度遗址位于黄河中游山西省芮城县西侯度村，是中国早期猿人阶段文化遗存的典型代表之一，是目前中国境内已知的最古老的一处旧石器时代遗址（图4-5），距今约180万年。遗址中带切痕的鹿角和动物烧骨的发现，是目前中国最早的人类使用火的证据。

我国云南省境内约有百分之六的地区为山间盆地，元谋盆地属于

图4-5 西侯度遗址发掘现场

南亚热带气候燥热的河谷区，平时气候干燥炎热，光热资源充足，是种植亚热带作物的好地方，非常适宜古人类生存。1965年，在云南省元谋县发现了猿人化石，称为元谋猿人，也称元谋人，距今约170万年。在云南元谋人遗址中，元谋人的化石包括两枚上内侧门齿，一左一右，属同一成年人个体。同时在元谋人遗址中，出土17件石器，其中地层出土7件，地表采集到10件。

蓝田人是1963年和1964年分别在陕西蓝田县的陈家窝和公王岭发现的，距今50万年左右。公王岭在蓝田县城东南17公里，是一个小土岗，前临灞河，后依秦岭。登上公王岭，即发现厚约30米的砾石层，上面覆盖着厚约30米的"红色土"，红色土的下部夹有两层埋藏土，就在这两层埋藏土之间发现了一个比较完整的人头盖骨和3枚牙齿化石，还有石器和许多动物化石。公王岭的头骨大约是属于一位30岁左右的女性，特征是头骨壁极厚，额部明显后斜，前额低平，没有额窦，眼眶上圆孔硕大粗壮，在眼眶上方几乎形成一条横行的眉嵴，圆枕两侧向外延展，向后明显缩窄。头骨高度较小，脑容量为778毫升，比北京人和爪哇人都要原始。在陈家窝发现了一个比较完整的下颌骨化石，大概属于一位老年女性个体，具有多的颏孔，有明显的联合部突起和联合棘，下颌明显向后倾斜并有明显的颏三角，同样比北京人原始，但比公王岭的头骨所显示的要稍稍进步一些。尽管如此，由于二者的主要特征所显示的阶段性相似，故可定为同一类型，称为

> **知识·小·档案**
>
> 元谋人，因发现地点在云南元谋县上那蚌村西北小山岗上而定名为"元谋直立人"，俗称"元谋人"。"元谋"一词出自傣语，意为"骏马"，元谋县被誉为"元谋人的故乡"。

> **知识·小·档案**
>
> 蓝田人生活的年代，本来认为是距今约95万年前到69万年前，但是1987年重新测定后认为是距今约115万年前到70万年前，早期的蓝田人则是西安最早的居民。

蓝田直立人（图4-6），距今分别是115万~110万年和65万年。研究发现，蓝田人制造的石器工艺简单，外形粗糙，但有了较明显的分工迹象，在遗址中出土的炭屑说明蓝田人已经学会使用火。此外，考古学者还在遗址中发掘出了剑齿虎、剑齿象、大角鹿等动物的化石。蓝田人活动的区域主要集中在亚热带森林和草原的交界地带，他们靠采集食物为生，也会进行捕猎野兽的活动。蓝田人继续存在着分化，不排除某些分支先后绝灭。

图4-6 蓝田人头骨 北京自然博物馆藏

在蓝田人产地发现的石制品仅34件，原料主要是石英岩和脉石英，有石核、石片和石器。石器种类有大尖状器、大型多边砍斫器、中小型多边砍斫器和单边砍斫器，还有刮削器和石球等，加工技术粗糙，有单面加工和交互加工者。器形多不规整，对原料的利用率也较

图4-7 剑齿虎 北京自然博物馆藏

低，表明当时的石器制作技术仍具有一定的原始性。与蓝田人伴生的动物有三门马、大熊猫、鼢鼠、李氏野猪、葛氏斑鹿、中国鬣狗、东方剑齿象、剑齿虎（图4-7）、中国貘、爪兽、硕猕猴和兔等，有明显的南方动物群色彩。

2.早期智人究竟经历过什么

在距今30万~20万年前，猿人逐渐发展到早期智人阶段，相当于旧石器时代中期。早期智人在我国很多地区都留下了他们劳动生息的足迹。目前已发现的主要人类化石和石器文化有：陕西的大荔人、广东韶关的马坝人、湖北的长阳人、山西襄汾的丁村人、山西阳高的许家窑人、辽宁喀左鸽子洞遗址等。此外，在云南、贵州、内蒙和甘肃等地，也有石器文化的遗物出土。

距今约10万年的丁村人是这一时期的典型代表（图4-8），1954年在山西襄汾丁村附近发现，出土了2枚门齿和1枚臼齿，经研究均来自同一个个体。丁村人门齿的铲形舌面和北京猿人相同，是蒙古人种的特征，牙齿比北京人的细小，臼齿咬合面比北京人的简单，但比现代人复杂。总之，以丁村人为代表的古人阶段的古人类体质还保留了不少原始性，但比猿人进步，更接近现代人了。在丁村人的遗址中发现了2000多件石器，还有许多动物化石。丁村人就地取材，用不同的方法打制出砍砸器、刮削器、小尖状器、大三棱尖状器和石球等不同类型的石器，制法比较复杂。不同类型的石器有其专门的用途，如大三棱尖状器多用于挖掘，小尖状器用来割刮兽皮，石球是狩猎用的武器，刮削器和砍砸器多用于加工工具。丁村人的石器不仅数量增多，品种增加，而且制作技术也有显著提高，促进了社会生产的发展。

许家窑人，因发现于山西阳高县许家窑而得名，遗址经1974、1976、1977年几次发掘（图4-9），出土有头盖骨、枕骨、上下颌

图4-8 丁村遗址

图4-9 许家窑—侯家窑遗址

骨、牙齿等化石，代表十多个男女老幼不同的个体，其体质既有一定的原始性，又有接近现代人的特征。发现石器材料14200多件，打制加工的石器制作技术有显著进步。石球极为盛行，数量达千余个，重量80~2000克不等，球面匀称滚圆，是重要的狩猎工具（图4-10）。同时，出土了许多细小石器，已有了几种细石器的原始类型，表明了我国细石器类型文化源远流长。

图4-10 石球 上海自然博物馆藏

湖北郧县人，因1975年在湖北省郧阳区发现而得名，有三颗猿人牙齿化石、打制石器及20多种动物化石，还有距今100万~60万年的更新世的桑氏鬣狗，这说明郧阳猿人的年代应早于北京猿人和蓝田猿人。1976年，在郧西县白龙洞也发现了3颗猿人牙齿化石，还有狸、犀、獾、鹿、牛、剑齿虎等20多种动物的牙齿、头角、骨骼、化石及打制器、尖削器、砍砸器等，距今50万年，被称为"郧西猿人"。1989年5月在郧阳区汉江河畔，发掘出第一件头骨化石，1990年又发现第二件头骨化石，以后又连续进行了两次发掘工作，获取了大量的伴生动物化石和数百件石器（图4-11）。这两具头骨化石都保存了完整的脑颅和基本完整的面

图4-11 郧县人头骨化石 湖北省博物馆藏

047

颅，第二具更为完整，根据头骨特征，他们属于直立人类型，定名为"郧县直立人"，简称郧县人。同时还出土了石核、石片、砍砸器、刮削器、石锤等241件石器，以及大量打击碎片和带有打击痕的砾石，并出土似手斧的两面器。郧县人与蓝田人的年代相当，但郧县人体质上却显示出许多早期智人的特征，从而对直立人与早期智人的发展关系以及南北文化关系的研究，提供了重要的实物资料。

安徽和县人，1980~1981年发现于安徽和县而得名（图4-12），距今约40万~30万年。包括1个近乎完整的头盖骨、2块头骨碎片、1块下颌骨碎片和9枚单个牙齿，头盖骨属一青年男性个体，有许多特征和北京人相似，但又有比北京人进步的特征。

金牛山人（图4-13），1984年发现于辽宁营口金牛山而得名，是猿人与智人的过渡类型，距今约28万年前。化石为1个头骨、5个脊椎化石骨、2根肋骨以及其他部位的骨头，他们全部属于一个成年男性个体，脑

图4-12 和县猿人遗址

图4-13 金牛山人遗址

量为1390毫升。金牛山发现的这批化石资料之完整，在我国尚属首次。同时还发现了一些灰堆，里面有烧土、炭屑和烧骨，这可能是金牛山人烧食之处，在灰堆旁边分布着大量的动物碎骨，其中有的骨头还可以看到人工敲砸的痕迹。在这里还出土了大批打制的石器和部分骨器，说明那时处于旧石器早期，在山洞里还有发现许多燃烧过的哺乳动物残骨，这是金牛山原始人会使用天然火的证据。

湖北长阳人，因发现于湖北长阳的山洞中而得名，属早期智人，距今19万年（图4-14）。1956年，山洞附近的农民在洞中挖出了一个完整的人形头骨化石，消息传到了长阳县一中，生物老师陈明智带着学生到供销社察看，找到了1块古人类上腭骨，上面还附有2枚牙齿。1957年，由著名人类学家贾兰坡主持进行发掘，当时长阳山区的路况非常差，贾兰坡只能骑着马来到发掘现场。在他的指导下，又有了一些重要

> **知识·小档案**
>
> 长阳人的发现说明长江流域和黄河流域一样，也是我国远古人类文化的重要发祥地，同样是中华民族的摇篮。

图4-14 长阳人遗址

的发现。从长阳人化石来看，明显比北京人进步。发现的动物化石均属华南洞穴中常见的大熊猫、剑齿象及其他动物群成员，如豪猪、竹鼠、古豺、大熊猫、斑鬣狗、东方剑齿象、巨貘、中国犀等。

　　以石器制作为代表的原始手工技术，成为原始人类维持茹毛饮血、幽居洞穴生活的必要条件，因此可以说，制造石器在完成由猿到人的转变过程中具有决定性的作用。在没有学会制造工具以前，那时的劳动还不是真正意义上的劳动。而旧石器时代，是人类使用打制石器进行生产劳动的时代，也是人类历史的最早阶段，这时的人类体质还具有许多原始特征。旧石器时代早期，石器特点是粗糙，主要是打制石器。旧石器时代中后期，石器特点是精致细小，能镶嵌骨柄或木柄制成复合工具。

知识小提示

为什么说制造石器在从猿转变成人的过程中具有重要的作用？因为学会制造工具促使猿的前肢变为人手；使简单的猿脑变成发达的人脑；使动物的感觉变成人的意识。

第五章
寻找北京人

20世纪20年代以来，人们在中国发现了生活在50多万年以前的北京猿人化石，这些化石的发现轰动了世界，并为达尔文的理论提供了坚实的证据。北京猿人化石所代表的个体只有40多个，人们普遍认为北京猿人已经具备了人的特征。北京猿人是众多亚洲直立人中的一支，是人类演化史上的重要阶段。

1.看这些古人类遗址群

周口店位于北京城西南约50公里处的房山区境内，背靠峰峦起伏的太行山脉，面临着广阔的华北平原，山前有一条小河潺潺流过，这里自然资源丰富，气候温暖宜人（图5-1）。大约在北宋时代（960—1127年），这一带就有出产"龙骨"的流传。人们把"龙骨"当作天赐的良药，据说把它研磨成粉末敷在伤口上，就可以止痛和利于愈合。到了近世，经过古生物学家的研究，认为所谓"龙骨"不过是古生物的骨骼化石。这就吸引了不少古生物学家和考古学家来到周口店地区，进行发掘和考察。

1921年8月，瑞典地质学家安特生（图5-2）和美国古生物学家葛利普、奥地利古生物学家师丹斯基在周口店考察时，发现了"北京猿人"遗址。1926年，师丹斯基在瑞典乌普萨拉大学维曼教授的实验室整理1921年至1923年在周口店发掘的化石标本时，发现了2颗人牙。为慎重起见，他把它定为"真人"。10月22日，

图5-1 周口店遗址博物馆

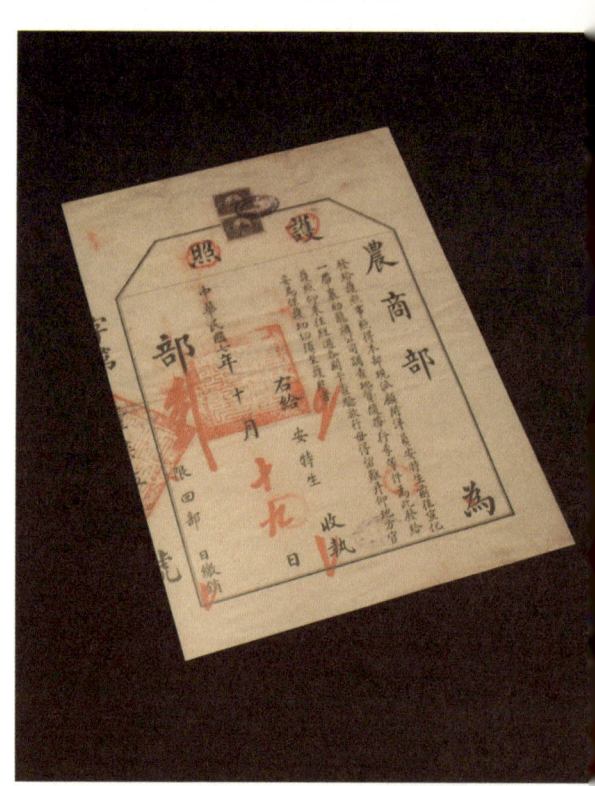

图5-2 中国农商部颁发给安特生进行地址调查的护照（复制）

安特生宣布周口店发现2颗人牙化石,这一消息震动了整个学术界。

1927年,周口店北京人遗址的大规模发掘工作开始了。发掘的主持单位是中国地质调查所和协和医学院。1928年古生物学家杨钟健和裴文中,参加了周口店的发掘工作。到了1929年初冬,他们发现了第一个北京人头盖骨。1936年贾兰坡又先后在猿人洞发现3个"北京猿人"头盖骨化石(图5-3、图5-4)。1937年,由于日本帝国主义全面发动侵华战争,发掘工作被迫中断。

北京人遗址是一个很大的洞穴遗址,东西长约140米,中部最宽处约2米。该遗址的堆积物厚40米以上,上部34米为含化石的堆积,

> **知识·小·档案**
>
> 安特生(1874—1960),瑞典地质学家、考古学家。安特生拉开了周口店北京人遗址发掘的大幕,他被称为"仰韶文化之父",他改变了中国近代考古的面貌,曾被中国评价为"了不起的学者"。

图5-3 "北京人"头盖骨(模型)　　　　图5-4 "北京人"复原图

自上而下可分为13层，主要由洞穴崩坍的石灰岩碎块和流水带入洞内的粘土、粉砂等残积物构成。堆积物中包含北京人用火留下的灰烬，较大的灰烬层有4个，第4层灰烬层最厚，厚达6米。第1层至第13层发现动物化石和文化遗物。北京人遗址的地层划分是随着发掘和研究工作的发展而增加的（图5-5）。

图5-5 周口店遗址猿人洞

北京人的洞穴堆积中共发现94种哺乳动物化石，其中有一部分是上新世残存的属种和更新世初期的动物，如三门马、梅氏犀、剑齿虎、中国鬣、居氏大河狸等（图5-6~图5-8）；另一部分是中更新世才出现的动物，如肿骨鹿、中国鬣狗、洞熊、褐熊等（图5-9、图5-10）；再一部分是现生种。但遗址的时代也不会早到更新世初期，

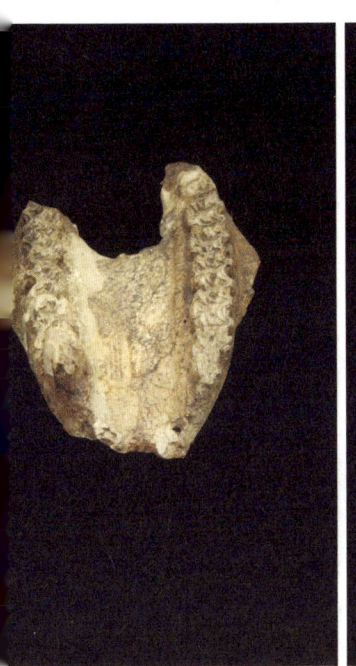

图5-6 三门马上颌骨

图5-7 三门马下颌骨

图5-8 剑齿虎头（模型）

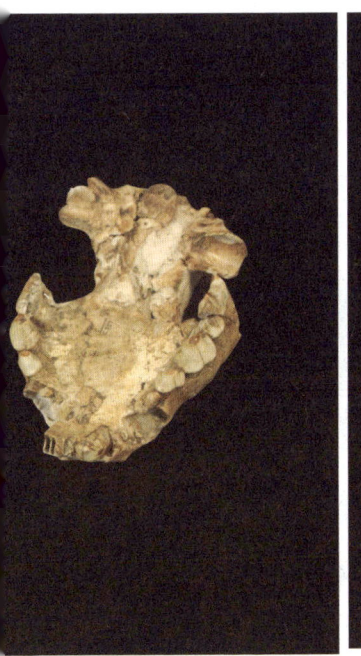

图5-9 中国鬣狗头骨

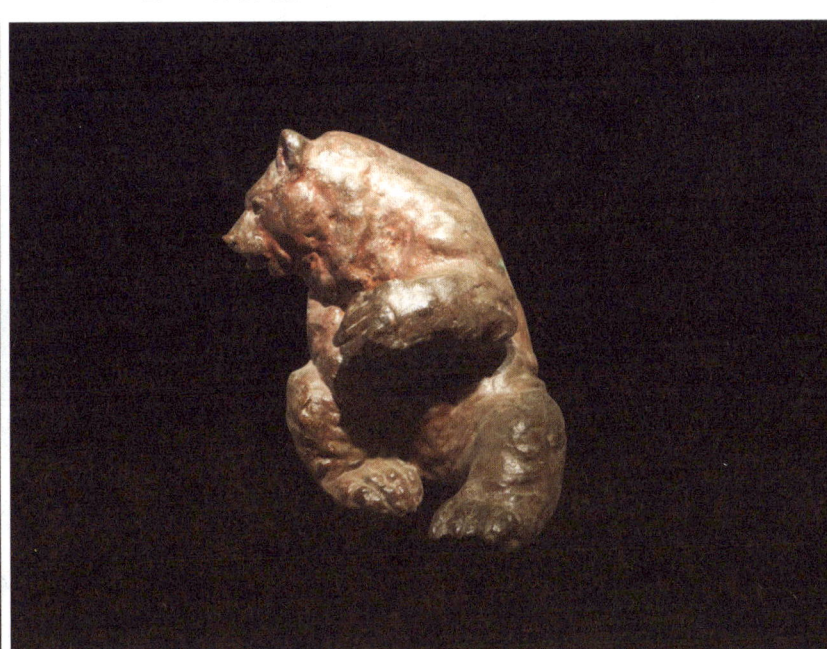

图5-10 洞熊完整骨架

因为在其动物群中，只有少数早更新世残存的种属，而缺少早更新世的典型动物，如长鼻三趾马等。根据以上分析，可知北京人的地质时代应为中更新世。但是，北京人的时代，根据其上、中、下三部分堆积物中的哺乳动物化石、人类化石和石器的性质来看，三部分堆积的时代是不同的。

1949年后，考古学家又在北京人遗址进行了几次考古发掘，加上抗战爆发前的发掘成果，先后共获得40多个个体的人类化石材料（图5-11）。北京人属于晚期直立人，其化石所反映的体质特征如下：脑量小，北京人的头骨高度远比现代人低矮，前额也较低平，头骨上窄下宽，头骨壁较厚，平均厚度为9.7毫米，约为现代人的2倍，眼眶上圆枕粗壮向前突出，并且左右互相连接。下颌骨特别发达，下颌枝很宽，咬肌和翼肌附着处的骨面凹凸很发达。整个头骨结构很厚重，有几条发达的脊，这都与强大的咀嚼活动有关。北京猿人男女两性的头骨差别很明显，男性比女性粗壮得多，这些都近似猿类，而与现代人不同。北京猿人的枕骨大孔的位置基本上在现代人的范围内，但比现代人的平均位置要靠后一些。北京人的文化遗存主要有石制品、骨角器和用火遗迹。据统计，周口店第1地点经10余年的发掘，共发现石

图5-11 考古学家使用的发掘工具

图5-12 石器

制品10万件以上，其中石器为17000多件。北京人打制石片使用三种方法：砸击法、锤击法、碰砧法。北京人的石器有石砧、砸击石锤、刮削器、尖状器、石球和雕刻器等（图5-12）。

2.北京人头骨失踪谜案

北京人遗址及化石的发现，是世界古人类学研究史上的大事，北京人化石成为世界科学界众所瞩目的稀世瑰宝。迄今为止，还没有哪一个古人类遗址，像周口店北京人遗址这样拥有如此众多的古人类、古文化、古动物化石和其他资料。"北京人"虽然不是最早的人类，但作为从猿到人的中间环节的代表，被称为"古人类全部历史中最有意义最动人的发现"。因此，"北京人头盖骨"的珍贵可想而知。

知识小档案

贾兰坡（1908—2001），中国著名的旧石器考古学家、古人类学家、第四纪地质学家；中国科学院资深院士、美国国家科学院外籍院士、第三世界科学院院士。贾兰坡1935年主持周口店的发掘工作，除发现大量石器和脊椎动物化石外，1936年11月又连续发现了三个比较完整的"北京人"头盖骨化石，震动了国际学术界，他是一位没有大学文凭却攀登上了科学殿堂顶端的传奇式人物。

"北京人"化石一直保存在美资协和医院，供德国古人类学家魏敦瑞做学术研究。1940年12月26日，日军占领了北平，美日战事一触即发。"头盖骨"倘若再留在北平就很不安全，当时重庆的中央地质调查所副所长尹赞勋致信给中央地质调查所技术研究员，当时北平的新生代研究室副主任裴文中，述说险恶形势和对北京人头盖骨化石保存的担忧，并提出托美国友人运往美国学术机关暂存。

1941年11月，经国民党中央行政秘书长翁文灏的协调，最后又经过蒋介石点头，重庆国民党政府才明确表态，允诺"头盖骨"出境。在翁文灏的一再恳请和调停下，美国方面终于同意了头盖骨由领事馆安排、由美国人带出中国，暂存纽约的美国自然历史博物馆。

据档案资料记载，"头盖骨"转移行动按计划开始，由美国海军陆战队护卫，乘北平到秦皇岛的专列到达秦皇岛港，在那里登船，船名"哈德逊总统号"，预定12月8日抵秦皇岛。8日上午，列车抵达秦皇岛。此时，日本对珍珠港的空袭已经开始，随即，驻在秦皇岛山海关一带的日军突然袭击美军，美海军陆战队的列车和军事人员包括美在秦皇岛的霍尔姆斯兵营的人员顷刻成为日军的俘虏，包括"北京人"在内的物资和行李当然成为日军的战利品，从此不见踪影，成为一件重大的历史疑案。

知识小档案

李树喜(1945—)，河北安平人，他在20余年里，一直坚持搜集资料并对"阿波丸"进行深入调查。在他新近出版的《双X档案——北京人失踪和阿波丸沉没》中，他将自己苦心挖掘出的原始档案情报，公之于众，其中最引人注目的是"北京人头盖骨在阿波丸沉船"情报的原始文件——即20世纪70年代美国方面提供情报资料的中文译页原件。

3.从"北京人"到山顶洞人

北京猿人洞的文化堆积厚达40多米，大致形成于距今70万~23万年间，北京猿人大约在距今46万年前开始居住于此。北京猿人的个子矮于现代人，男子身高约162厘米，女子身高约152厘米。北京猿人的头盖骨低平，眉脊骨粗大，脑壳比现代人厚1倍，脑量平均为1088毫升，约等于现代人脑量的80%；面部较短，宽鼻子，吻部前伸，没有下颏。整个头部的特征较为原始，与发现于印尼的爪哇直立人接近，但已具有明显的现代蒙古人种的特征。北京猿人的食物来源主要依靠狩猎与采集所得。工具主要是石器，可能还有骨角器，其中小型的石质"尖状器"制作精致，尚不见于世界上其他同时期的遗址中。北京猿人已知熟食，当时用火主要取自自然火种，火的使用完备了人的特征。

专家们根据十分丰富的北京猿人的化石资料研究得知，北京猿人的上肢骨和现代人的相似，特别是手的演化最进步，手腕的灵活程度和现代人的基本相同。下肢骨如股骨与现代人的基本相似，出现了股骨脊，这与直立行走有密切关系。股骨的形式、大小和肌肉的附着点也与现代人的大致相同，但还保留有若干原始性质，如前缘和断面较为圆钝等。另外，股骨和胫骨的骨壁较厚，髓腔较小，头骨较为原始。北京人在长期的劳动过程中右手比左手用得频繁，因而大脑的左边比右边略大一些。语言是在劳动中并和劳动一起产生出来的，语言的产生有利于北京人之间互相交流劳动的经验，提高生产效率。

从以上可以看出，北京人身体各部分的发展是不平衡的，这是因为从猿到人的转变过程中，身体各部分器官在劳动时担负的功能和强度不同所引起的。手足分工后，双手为劳动器官，在劳动中从事的动作越来越多，越来越复杂，久而久之，使双手变得越来越灵巧，因而它的发展演变快；下肢负责支撑身体和走路，腿脚也随着发展了。人直立行走后，颈椎托住头部，为大脑结构的发展提供了生理上的前提条件。随着共同的劳动，语言也就产生了，然后语言和劳动共同推动猿的脑髓逐渐变成人的脑髓。北京猿人身体各部分发展的不平衡，反映出劳动在促进人类体质结构的变化中所起的特殊作用。

北京猿人用敲砸、碰击等方法，把打下的带刃石片修整成各种粗糙的石器，大致可分为尖状、砍砸和刮削器等。北京猿人主要使用石器，此外还有骨器和木棒等，在险恶的环境里，他们不断和自然

图5-13 烧骨和烧石

及凶猛的野兽进行艰苦卓绝的斗争，维护自己的生存，并推动着历史前进。

北京人的洞穴中有堆积很厚的木炭、灰烬、烧石、烧骨等（图5-13），显示其已经会使用火，但从灰烬的成层和成堆来看，他们还不会人工取火，但已能有意识地对天然火进行控制使用。火的使用是人类发展史上的里程碑。火的使用，是人类生产斗争经验积累的结果，是人类征服自然的进程中所取得的伟大成果。

> **知识小·提示**
> 为什么说火的使用是人类发展史上的里程碑？火不仅可以用来照明、取暖，而且还可用来抵御野兽的侵袭。由于用火，扩大了食物的种类，使某些不能食用的东西可以食用；由于用火，人类可以把食物由生食变成熟食，熟食易消化，使人体能更多地吸收食物的养分，促进猿人身体的发育，特别是促进脑髓的发育。

第五章 寻找北京人

　　北京人生活时代的周口店，西北部是起伏的山岭，山上松柏参天，凶猛的剑齿虎、纳玛象、犀牛、熊豹出没其间。东南是一片辽阔的草原，成群的羚羊和三门马到处奔驰。在沼泽河湖中有水牛、水獭等。这些野兽威胁着北京人的生存，同时又是他们猎取的主要对象。北京猿人使用粗笨的石器、木器和少量的骨器进行生产，生产力是极为低下的。面对着大自然的严峻挑战和各种猛兽的威胁，个人的力量极其微弱，只有依靠集体的力量才能弥补各自力量的不足。北京猿人经常是几十个人住在一起，共同制造和使用劳动工具，掌握和使用天然火，猎取肿骨鹿和梅花鹿、野马等，同时也采集野果、树籽，挖掘植物的块根，得到的食物共同享用。他们是由共同劳动联系在一起的群体，生产资料公有，集体劳动，共同消费。

　　北京猿人的生活是异常艰苦的，他们的寿命一般都不长，已发现的40多个个体中，有1/3活不到十几岁就死去了。艰苦的生活折磨着北京猿人，但也锻炼着他们。北京猿人正是在极其艰苦的条件下，经过长期的劳动，战胜了重重困难，顽强地改造自然，也改造了自己的体质，推动着原始社会向前发展。

　　北京猿人在龙骨山一带断断续续生活了约30万年，从开始制造简单的石器及骨器，直到学会了用火并保存火种，一点点地使自己和动物区别开来，成为能直立行走的人类。

　　除了"北京人"之外，在周口店还陆续发

图5-14 山顶洞

061

现了其他人类遗址。新洞遗址距周口店遗址第一地点约70米，洞口向南，入口窄而长，洞口曾被混杂物堆积堵塞。此洞发现于1967年，1973年正式发掘。遗址中不仅发现了40余种哺乳动物化石，较厚的灰烬层，以及被火烧过的石块、石器、骨头和1颗朴树籽，还发现了1颗为左上第一臼齿的人牙，据此将这一时期居住的人类命名为"新洞人"。新洞人时代晚于北京人，早于山顶洞人，生活在距今约10万年前。

山顶洞是龙骨山顶部的一个山洞（图5-14），遗址于1930年被发现，1933年和1934年两度发掘。除发现人类化石外，还发现了石器、骨角器和装饰品。遗址分洞口、上室、下室和下窨四部分。

窨，读xūn，指地窨子、窨藏。

上室为居住室，发现有婴儿头骨碎片、骨针、装饰品和少量石器，上室中央还有一大块灰烬。下室为葬地，发现三具完整的人头骨和一些躯干骨（图5-15），

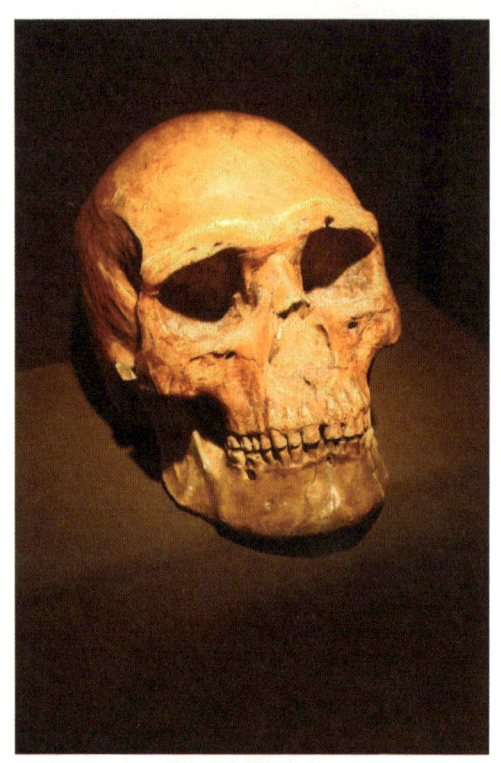

图5-15 山顶洞人头骨

从头骨判断，当为一男二女。下窨在下室最深处，发现了许多未经扰动的完整的兽骨架，包括熊、麝子、赤鹿、梅花鹿、鬣狗和羚羊等，计30余种哺乳动物化石。

山顶洞遗址发现的人骨骼化石，代表8个男女老幼个体，分别是5个成年人、1个少年、1个5岁小孩和1个婴儿。古人类学家将其定名为"山顶洞人"，距今约18000年左右（一说2.7万年），属于旧石器

时代晚期。遗址中出土的石器只有25件，原料有脉石英、燧石和砂石，器形有砍斫器、刮削器和两极石片。还有经过磨制的鹿角，140余件装饰品（图5-16）。最具代表性的是一枚骨针（图5-17），长8.2厘米，针身微弯。骨针的发现，表明山顶洞人已具备用树叶或兽皮缝制衣服的能力，表明人类创造的技术，比"北京猿人"已经向前迈进了一大步。在发现的装饰品中，另有4件刻道的骨管，3件穿孔的海蚶 蚶，读hān。 壳，还有1件钻孔、赤铁粉色的鲩鱼眼上骨。刻道骨管和海蚶壳是随身佩戴之物，但用鲩鱼眼上骨做装饰品却非常少见（图5-18、图5-19）。

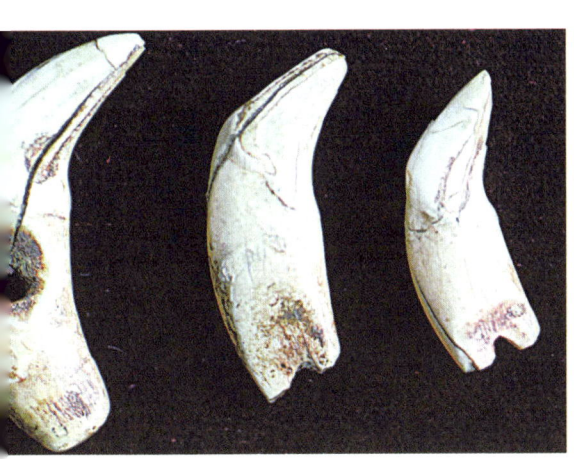

图5-16 骨制品

图5-17 骨针（模型）

图5-18 山顶洞人装饰品——穿孔兽牙

图5-19 山顶洞人穿孔石珠等模型

从发现的大腿骨推算，山顶洞男人的身高是1.74米，女人的身高是1.59米。这些数据与现在我国北方人的平均身高差不多。山顶洞人已经熟练地使用火，也可能已经学会了人工取火，他们已经摆脱了半人半猿的状态。

第六章
繁星满天的新石器时代

新石器时代是人类使用磨制石器进行生产的时代，人类在这一时期开始栽培农作物和饲养家畜。我国新石器时代大约开始于距今11000年前后，结束于距今4000年前后。农业和家畜饲养业的出现是新石器时代开始的标志，农业和家畜饲养业的发展变化也是新石器时代分期的一个依据。根据新石器时代石器、陶器等文化遗存的发展变化以及经济生活的变革，我国新石器时代可以分为早期、中期、晚期三个发展阶段。

1.磨制石器的出现

新石器时代早期阶段距今11000~7500年，石器以打制石器为主，磨制石器的数量很少。早期的磨制石器只是局部磨光，通体磨光的石器尚未出现。这一时期的石器中已出现农业生产工具和谷物加工工具，如砍伐器、石斧、石锛（锛，音bēn。石锛是用石头制作的一种削平木料的工具。）、磨盘、磨棒等。新石器时代早期的陶器，火候较低，质地粗疏、吸水性强。华南地区，新石器时代早期的陶器大都为夹砂绳纹陶。

新石器时代早期阶段的农业，是一种"砍倒烧光"的"火耕农业"，特点是不翻土耕种，而只是在播种前将野外的树木砍倒、晒干、烧光，然后进行撒播或挖穴播种。新石器时代早期的家畜饲养业，主要饲养羊、牛类的食草性动物，猪需要以农谷物作为饲料，故在这一时期不可能较多地饲养。

中国新石器时代长江流域的早期代表是彭头山文化遗址，这是我国南方最早的新石器时代遗址，位于湖南北部澧县大坪乡孟坪村境内，其年代距今9000~7500年。彭头山文化遗址大致呈长方形，城内分布着成排的房屋，其中有我国最早的高台建筑；城外有一圈壕沟环绕，这可能是我国后来夯土城址的雏形。彭头山文化堆积厚约1米，分7个文化层，有地面式、浅地穴式建筑遗迹和以小坑二次葬为主的墓葬18座。考古发现的文化遗物有新石器时代早期的打制石器和细小燧石器，以及夹炭红褐陶、夹砂红褐陶和泥质红陶。出土的这几件陶器比较原始，制作工艺古朴简单，陶器器坯均使用了原始的泥片贴塑法，胎厚而不匀。陶器类型不多，主要是深腹罐与钵。陶器上普遍装饰粗乱的绳纹、刻划

> **知识·档案**
>
> 钵是用做洗涤或盛放东西的较小的陶制器具，钵的形状多呈矮盂形，腰部凸出，钵口钵底向中心收缩，直径比腰部短，这种形状盛放的饭菜不易溢出，又可保温。

纹，比较可贵的是红陶上已饰有太阳月亮纹。

彭头山遗址的石器以打制石器占多数，另有少量石质装饰品。大型打制石器制作粗糙，没有固定的形状，作用多是用来砍砸东西，型制有石核、砍砸器、穿孔盘状器、刮削器和石片石器等；细小燧石器也缺少正规的样式，功用应该是以切割和刮削为主，器形有石片和刮削器。在彭头山遗址石器中的磨制工具不仅数量极少，且种类单纯、体型偏小，常见一种既可以叫作斧又可以叫作锛的器形，双面刃。还有个别石杵和石棒，怀疑是食物加工工具。在彭头山文化的晚期，磨制石器有了明显的进步，一是数量有所增加，二是出现了较大型的斧。彭头山文化遗址骨木器发现的数量和种类都十分稀少，而且造型简单，制作加工粗糙原始。骨器有小型和大型斜刃锥形器，前者为掌上型工具，功用为采掘和开挖小洞坑；后者可以捆缚上木棒而构成复合工具，可用于取土或开沟。木器有钻、杵、耒等。在彭头山文化遗址中，首次发现了超过9000年至8000多年的世界上已知最早的稻作农业资料，陶器泥料中也普遍发现稻作遗存，在体视显微镜下，可清楚地看到陶器胎壁中有大量的炭化稻谷谷粒和稻壳。将稻壳作为陶胎的主要掺和料之一，是彭头山文化陶器的一大明显特征。在含有古生活垃圾的淤积土中，还发现了数以万计形态完好无损的稻谷和米粒，许多谷粒上还带有芒。从农业起源的角度看，它们都应是早期栽培稻，为确立长江中游地区在我国乃至世界稻作农业起源与发展中的历史地位奠定了基础。

新石器时代中期，距今7500~5000年，可分为前、后两期。前期的有黄河流域的磁山文化、裴李岗文化、北辛文化等，长江流域的河姆渡文化和马家浜文化早期等；属于后期阶段的有黄河流域的仰韶文化、大汶口文化早期，长江流域的大溪文化、马家浜文化晚期等。新石器时代中期阶段的前期，陶器的制作跟新石器时代早期相比，虽有一定的进步，但仍有许多原始性，如陶器的制造仍为手制，轮修技术尚未出现；陶胎较厚，厚薄不均；器形不规整，常有歪扭现象。前期的陶器以夹砂陶为主，泥质陶的数量较少。器形以圜底器和平底器为主，有少量的圈足器和三足器。后期的陶器制作技术比前期进步，慢轮修整普遍出现。陶器的形制比较规整，胎壁厚薄均匀。夹砂陶的比例下降，泥质陶的比例增加。器形有圜底器、平底器、尖底器、圈足器和三足器等。长江下游地区，陶鼎已成为一种主要炊器，彩陶在这一时期的各种文化中普遍出现。石器已发展到以磨制为主，打制石器在各个文化中所占的比例都很小了。磨制石器已从局部磨光发展到通体磨光，穿孔石器也已普遍出现（图6-1）。石器的器形除石斧、石

图6-1 裴李岗文化遗址发现的石磨盘 国家博物馆藏

锛外，已出现数量较多的石铲、石耜、石锄等翻土工具。经济生活方面，农业经济已从"火耕农业"发展到锄耕农业阶段。锄耕农业是翻土耕种、熟荒耕作。当时的黄河流域已普遍种植粟，长江流域则以种植水稻为主。水稻在长江流域的普遍种植，表明当时的长江流域已进入到灌溉农业阶段。新石器时代中期，在农业发展的基础上，猪已作为一种主要家畜被饲养（图6-2）。

新石器时代晚期，距今5000~4000年，可分为前后两期，属于前

第六章 繁星满天的新石器时代

图6-2 猪纹黑陶钵 河姆渡文化遗址

期的有黄河流域的大汶口文化晚期、马家窑文化晚期，长江流域有屈家岭文化、崧泽文化等；属于后期的有黄河下游的龙山文化、齐家文化，长江流域的良渚文化等。陶器的制作，前期已出现轮制，但不普遍；后期在各个文化系统中普遍使用轮制。轮制陶器的特点是，器形规整、浑圆，胎壁薄，造型美观。龙山文化的蛋壳黑陶是这一时期各文化陶器中最杰出的作品（图6-3）。新石器时代晚期的陶器以灰、黑陶为主。中期阶段盛行的彩陶，到晚期阶段趋向衰落。新石器时代

知识小档案

蛋壳黑陶器皿是山东龙山文化特有的标志性陶器，也是我国古代制陶艺术的巅峰之作，其中山东日照市东海峪龙山文化遗址出土的蛋壳黑陶杯，因其"黑如漆，亮如镜，薄如纸，硬如瓷"，被考古界誉为"四千年前地球文明最精致之制作"。

图6-3 龙山文化蛋壳黑陶高柄杯 山东省博物馆藏

069

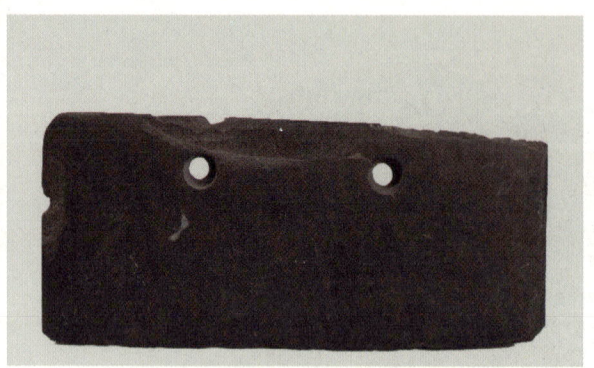

图6-4 良渚文化双孔石刀 良渚博物院藏

图6-5 良渚文化耘田器

图6-6 良渚文化玉琮 浙江博物馆藏

图6-7 良渚文化玉璧 国家博物馆藏

晚期，石器的特点是磨制精致，器形变小。穿孔石刀、石镰等收割工具在各个地区有了广泛的使用（图6-4）。三角形穿孔石犁、耘田器是太湖流域的两种颇具特色的生产工具（图6-5）。太湖流域良渚文化和粤北地区石峡文化的墓葬中，普遍发现具有礼器性质的玉琮、玉璧、玉斧等随葬品（图6-6、图6-7）。新石器时代晚期，我国各地区都进入到发达的锄耕农业阶段，太湖流域可能已进入到犁耕农业阶段。我国北方沙漠草原地区在整个新石器时代的农业经济一直处于不发达状态，渔猎经济则具有较重要的地位；新石器时代晚期，狩猎经济逐步向游牧经济过渡。

而在长江流域新石器时代晚期文化中，屈家岭文化具有相当的代表性。屈家岭文化距今5000年至4600年，因首先发现于湖北京山屈家岭而得名，分布区域以江汉平原为中心，西起三峡，东至武汉一带，北达河南省西南部，南抵洞庭湖区并局部深入到湘西沅水。屈家岭文化以黑陶为主，具有鲜明的江汉平原特点，不同于我国新石器时代的仰韶文化，也异于洞庭湖以南的几何印纹陶文化。

屈家岭文化发展的历史过程中，还流传着一个关于陶帛部落的传说。距今5000多年前，在中原楚地生活着几支部落，其中一个名叫陶帛的部落首领，他骁勇善战，在部落征战过程中，击败其他部落，最终成了中原楚地的部落首领。陶帛的部落领地越来越大，后来他们来到一个名叫屈家岭的地方，并在这里定居下来。这里土地肥沃，还有一条清澈的河流经过，适合部落休养生息。陶帛带领他的部族在这里建造草屋，烧制陶器，制造弓箭，种植稻米，取粮酿酒，饲养猪牛羊鸡鸭鹅等家禽。陶帛有一个美丽善良的妻子叫奢香，两人在屈家岭度过了一段美好而恬静的生活，在这期间奢香怀孕了。日子在等待中流逝，奢香的肚子也越来越大，但一点生产的迹象也没有。

同期，一个叫九黎族的部落尤其厉害，他们的首领蚩尤特别勇猛，很快统一了黄河流域的很多部落，并向长江流域扩展。这对陶帛部落来说是个极大的威胁，面对强敌，陶帛加紧了御敌的训练。但在与蚩尤的对战中，陶帛被杀，只有他怀孕的妻子奢香逃了出来。这样生活在屈家岭的这个部落就在一夜之间消失了。奢香后来在森林里生下了一个男孩，这个男孩面容俊美，像极了他的父亲陶帛。18年后，蚩尤率部攻打黄河流域另一个强大起来的部落，他们的首领叫黄帝。双方实力相当，难分胜负。直到有一天，黄帝部落里出现了一个异常勇猛的年轻人，他叫应龙，就是陶帛的儿子。在他的带领下黄帝部落打败蚩尤部落。这个美丽的传说和屈家岭遗址的发现，充分说明了我国长江流域和黄河流域都是中华民族的摇篮。

屈家岭文化的石器多为磨制，制作水平已相当高超，器形有斧、铲、锛、凿、镰、箭头等。从石器看，屈家岭文化分为早、晚两大时期，早期石器磨制一般比较粗糙，晚期磨光石器增加。稻作农业是屈家岭文化主要经济形式，在建筑遗迹的红烧土中发现有稻壳印痕，经鉴定为人工栽培的粳稻。家畜以猪和狗为主。到了新石器时代晚期，江汉地区的经济发展比较快，大体上与黄河流域齐头并进。不过，由于有更为广泛的植被和水域，长江流域的文化采集和渔猎经济要比黄河流域更为普遍与持久。

中央电视台《国家宝藏》节目，曾给我们讲述了玉琮的来龙去脉：玉，温润柔美，在中国传统文化中占有十分重要的地位，几千年来，以玉为中心载体的玉文化深深植根于世代中国人灵魂的深处。在古代社会中，凡祭祀、朝聘、盟誓、婚嫁等重大活动中都使用玉，玉既是财富、权力、地位的象征，又是沟通神灵、祖先的媒介和法物。而玉琮作为中国古代重要的礼器之一，更是寓含着上古先民天圆地方的宇宙观。它的基本形制呈方柱体，当中是上下相通的圆筒状，流行于约五千年前的苏南、浙北、苏北、上海等地的良渚文化中，是一种极富地方色彩的玉器。玉琮既是原始宗教活动过程中沟通天、地、祖先的巫术法器，又是国家观念的表现物体，是早期社会政教合一体制的体现。掌握神权的巫师实际也就是氏族的大首领，玉琮的拥有者实际上就是当时社会神权与王权集于一体的人物。玉琮在良渚文化中是神圣的象征。考古资料表明，在距今4200年左右，良渚文化由于某种原因突然消亡，而与此同时，在全国多个古代遗址中却突然出现了大量的良渚文化玉器，尤其是玉琮。这么多良渚文化玉器在广大区域出现，不可能是部族之间的交流、馈赠，很可能是良渚文化在当时遭遇了一场重大变故或自然灾害而突然衰落，良渚人群四处迁徙、移动并逐渐在这些地方定居下来的结果。随着良渚人群的到来，良渚文化中独特的神权思想、对玉琮的重视与崇敬也影响到了更多人。

2.经济生活的大发展

人类发明农耕和畜牧,从攫取性经济发展到生产性经济,是石器时代经济、文化和自然条件诸因素之间相互作用的结果。只有当工具和技术发展到一定的水平,也就是说生产力发展到一定的水平,农牧业才有可能产生。农耕和畜牧的出现,标志着人类和自然界的关系,由被动适应环境转变为利用和改造环境。农牧业的产生是人类历史上一次划时代的巨大变革,是人类自掌握用火以来的一次"最伟大的经济革命"。磨制石器是适应农耕的需要而逐步发展起来的,原始农业的早期阶段即"火耕农业"阶段,农业生产工具大都沿袭旧石器时代的打制石器,少量的磨制石器只是局部磨光,磨制石器的大量出现要到锄耕农业阶段。磨制石器和农业有着直接关系,凡是农业经济发达的新石器文化,其磨制石器都比较发达。如我国黄河流域和长江流

图6-8 贝丘遗址

域的各种新石器文化，由于其农业经济比较发达，故磨制石器都比较发达。反之，凡是农业经济不发达，而渔猎和采集经济比较发达的新石器文化地区，其磨制石器都不发达，而大型的打制石器或细石器则比较发达。如我国东南沿海地区以"贝丘遗址"为特征的新石器文化（图6-8），我国北方沙漠草原地区，以细石器为特征的各种新石器文化，由于前者的经济生活以采集软体动物和捕捞为主，后者的经济生活以渔猎为主，故其磨制石器都不发达。

> **知识·小·档案**
>
> 贝丘遗址，是古代人类居住遗址的一种，以含有大量古代人类食剩抛弃的贝壳为特征，日本称为贝冢，大都属于新石器时代，有的则延续到青铜时代或稍晚。贝丘遗址多位于海、湖泊和河流的沿岸，在世界各地有广泛的分布。在贝丘的文化层中夹杂着贝壳、各种食物的残渣以及石器、陶器等文化遗物，往往还发现房基、窖穴和墓葬等遗迹。

在漫长的旧石器时代，人类以渔猎和采集为生，猎获的兽类，捕捞的鱼类，放在火上烧烤就能为食，采集的果实不需加工，就能直接食用，故在旧石器时代，人类没有制作和使用陶器来炊煮食物的需要。陶器是在农业产生以后，为了适应炊煮谷物性食物的需要而逐步产生和发展起来的（图6-9）。总而言之，陶器的发明是人类的一种创造性活动，是人类社会发展史上划时代的标志。陶器发明后，很快成为人类日常生活中不可缺少的用具，并继续扩大到各个领域之中。

石器时代，人类与自然界做斗争的能力很低，人类的生产和生活在很大程度上要受到自然环

图6-9 陶鬲 长城博物馆藏

境的制约。由于我国幅员辽阔，各个地区的气候和生态环境的差异较大，因而人们的生产活动的内容和生活习俗存在较大的差别。这就导致了不同地区的人们所使用的生产工具、生活用具、居住地等遗存的不同，即物质文化的不同，这是形成不同文化类型的根本原因。中国迄今发现的新石器时代遗址大约有10000处，已命名为考古学文化的有数十种之多。其中文化面貌较清楚、影响比较大的主要有马家窑文化、仰韶文化、裴李岗文化、大汶口文化、河姆渡文化、马家浜文化、良渚文化、屈家岭文化、大溪文化、石峡文化、兴隆洼文化、红山文化等。

> **知识·小·提示**
>
> 结合前面的介绍和自己的了解，你能说出上面所列举的新石器时代文化都在我国的什么区域吗？我们可以在哪些博物馆看到相关文化的重要文物呢？

旧石器时代，人类为获得天然食物要经常迁徙，过着一种游动的生活；新石器时代，人们从事农耕和饲养家畜，不需要为寻找食物而迁徙，有了长期的定居生活，人类开始根据自身的需要来"生产食物"，从受自然界支配发展到改造自然界。根据近十几年的考古发掘资料，黄河流域可能是粟的发源地，长江流域可能是水稻的发源地。

世界上的人工栽培稻，有亚洲稻和非洲稻两种。目前已知的最早非洲栽培稻发现于西非的尼日利亚，距今约3500年。亚洲栽培稻要比非洲稻早得多，在印度和中国都有不少考古发现。最初，多数学者认为水稻最早起源于印度，然后从印度传入中国。到了20世纪70年代以后，我国境内连续几次重要的考古发现开始改变人们的看法。浙江余姚河姆渡新石器遗址出土了大量距今7000年前的稻谷遗存；湖南澧县彭头山早期新石器文化遗址发掘出土了距今9000多年的稻谷遗存，又将中国的稻作历史推前了两千多年，比印度当时出土的稻谷遗存要早数百年乃至上千年。而且在中国的发现还不止于此，距今10000多

图6-10 万年仙人洞先民生活场景

年的江西万年县仙人洞（图6-10)和湖南道县玉蟾岩遗址出土的栽培稻谷的遗存（图6-11），是目前世界上发现最早的人工栽培水稻遗存，表明中华民族的祖先早已学会了栽培水稻，中国是世界水稻的最早产地之一。

图6-11 玉蟾岩遗址出土的人工栽培稻

在2017年8月12日出版的《上饶日报》上，有一篇名为"探访万年仙人洞"的文章，作者史俊生动地描述了他的所见所闻所感。我摘录片段，从中通过这篇文章，我们或许也可以体会到中华文明的源远流长：

"立秋时节，热浪不减，我来到世界稻作文化起源地之一的万年县大塅乡仙人洞采风。走进万年先人的母亲河——大塅河畔的仙人洞，如同走进一个神秘的清凉世界。这里的一草一木，一石一罐，如同保存了一万年的美酒，在我心中散发着缕缕清香。

"仙人洞为新石器时代洞穴遗址。主洞空旷幽深，长60米，宽25米，高3米，呈'人'字形，面积约200余平方米，可容纳1000余人；左右各有支洞，深长莫测。由于洞内冬暖夏凉，一直是附近村民理想的纳凉场所。仙人洞不仅以它灿烂的古文化闻名遐迩，而且山色旖旎、风景瑰丽。

"透过岁月的隧道，我仿佛走进了14000年前，耳闻目睹由猿演变过来的万年先民如何在仙人洞周围生活栖息。几万年前，仙人洞一带是一方绿色的盆地，四周丘陵起伏，群山绵延，覆盖着茂密的原始森林，丰富的生命资源取之不尽。对于原始人类来说，仙人洞是一处美丽舒适的'天然居'，一代代先人在此繁衍生息。原始社会的仙人洞，虽然生活艰苦，但他们生活在这个鱼米之乡，个个友好相处，其乐陶陶。我深知，先民们之所以选择在这里栖息，一是因为这里附近山上常有野兽出没，方便到处狩猎，二是山上鲜果很多，可随意采摘，尤其可采摘到剥开谷壳就可以食用的东西——野生稻。因此，这里既成了动物屠宰场，又成了食品集结地，或临时晒谷场。

"追寻逝去的时光，我看到了中外考古专家探访仙人洞过程中的坚实足迹。我想起了一个让稻乡人民永远不会忘记的名字，他叫龙俊。那是20世纪50年代末，共和国的如歌岁月，省委干部龙俊下乡到万年县，他因有一双慧眼成为发现仙人洞的第一人。当这位文化人在洞口发现有不少石器和动物骨骼等，意识到这不是一处简单的洞穴，当即向省文化部门汇报，引起上级高度重视。与此同时，作为本土文物工作者的王炳万也发现了这个洞。如今已近古稀的王炳万在国外的有关史料中依然记着他的姓，海外人把仙人洞称为'王洞'，但在国内却见不到这种说法，因为他意识到对国人来说无数个人的劳动汗水与智慧的光芒都集中体现在集体的荣光里。于是，王老发现这个洞

图6-12 万年仙人洞遗址外景

时，便从洞的形状琢磨，他认为坍塌洞呈半环形，就取名'仙人洞'（图6-12）。

"1962年2月，春寒料峭，沉寂无声的仙人洞沸腾起来了。省文物管理委员会考古队悄悄地进入仙人洞进行最初的调查。考古人员发现洞口暴露出许多动物的骨骼和大量螺壳，并采集到一件件穿孔石器和砺石。另外还发现洞口右侧靠洞壁处有大量胶结堆积，高有1.3米左右，堆积里除了不少动物骨骼、螺壳外，还有少许红砂陶片。这些迹象表明，这是一处古代洞穴遗址。因当时技术手段相对落后，考古人员将仙人洞认定为单纯的新石器时代晚期。后来由于'文革'爆发的原因，仙人洞的发掘一时搁浅。

"时光进入了90年代初，时任美国德沃考古基金会主任，曾任美国前总统老布什的科学顾问理查德·马尼士博士闻讯来到江西这块古老的土地，饶有兴趣地实地考察了万年仙人洞，他感叹这是'世纪考古大发现'。回到美国后，马尼士一方面筹集资金，一方面不断向中国国家文物局申请，要求与中国对万年仙人洞合作联合考古。国家文物局很快批准了马尼士的申请，并指定北京大学、江西省考古研究所与马尼士所代表的基金会一起发掘。1991年，一个丹桂飘香的日子，马尼士风尘仆仆地又一次钻进了远古时期万年的先人们栖息过的地方——万年仙人洞，去揭开它神秘的面纱。

图6-13 万年仙人洞遗址发现的世界最早的陶罐

从洞内发现了1.4万年以前的野生稻及1.2万年的栽培稻植硅石标本，揭示了人类历史上第一次农业革命的全过程，将世界稻作史提前了几千年。其出土的栽培稻和陶器，是现今已知世界上年代最早的栽培稻遗存和原始陶器之一（图6-13）。

"岁月如歌。仙人洞的先人们通过刻符记事，在这里写下了中华文明史上最初的生生不息的历史华章。如今鄱湖岸边，大塬河畔，传承万年的稻作文化大业正薪火相传……"

第七章
从仰韶到龙山

1921年，瑞典的地质学家安特生和中国学者在中国河南渑池仰韶村的累累黄土中，捡起的一枚陶片，揭开了华夏文明的灿烂序幕，依据考古惯例，这次著名的发现也首次以发现地命名，被命名为仰韶文化，它的发现揭开了中国原始社会研究的第一页，也揭开了中国历史考古学的第一页。

1.仰韶文化的发现，揭开了华夏文明的序幕

黄河流域是我国古代文明的摇篮之一。早在远古时代，黄河两岸的许多地区就有了人类生活的痕迹。我们的祖先在这块辽阔而肥沃的土地上，以自己辛勤的劳动，创造着具有中国特色的历史和文明。

1921年4月18日，在河南省渑池县仰韶村，一些被流水冲刷露出地面的陶片首次进入人们的视线；此后，由瑞典人类学家安特生主持，中国地质学家袁复礼、奥地利古生物学家师丹斯基等一同参与的仰韶遗址发掘，使得土层之下的中国史前文明"与我们所知的早期人类历史活动链条般地衔接在一起了"。

考古工作者在这处遗址发现了许多石器、骨器和陶器。制陶业是当时一个很重要的手工业部门，生产的陶器多数是粗陶（图7-1），但是其中有一种彩陶，表里都磨得很光滑，表面还描绘着彩画，十分精美（图7-2）。后来，考古学家在黄河流域的其他地方，又陆续发现了同样性质的村落遗址约一千余处。根据考古学的惯例，以最先

图7-1 人面鱼纹彩陶盆 国家博物馆藏

图7-2 仰韶文化彩陶 仰韶文化博物馆藏

发现的仰韶村来命名同一系统的文化，于是，这些性质相同的遗址，就被称作"仰韶文化"。仰韶文化的分布，大体以黄河中下游的河南、山西和陕西为中心，西端直到甘肃境内的渭河上游，有少数遗址还到达洮河流域。南端沿汉水进入湖北，北端到达河北中部，陕北、晋北和内蒙古自治区南部也有不少仰韶文化时期的村落。

> **知识小·档案**
>
> 洮河(táo hé)，位于中国甘肃省南部，是黄河上游第一大支流，发源于青海省海南藏族自治州的西倾山东麓，洮河流域处在青藏高原和黄土高原的过渡地带。

这些氏族村落一般靠近沿河的高台上，比较密集，村落之间的距离也不太远，有的隔河相对。考古学家们在三门峡水库地区曾发现了69处仰韶文化村落遗址，这与当时的农业生产水平息息相关。当时的农业生产还很原始，采用"刀耕火种"的耕作方法，又不懂得向地里施肥，这样经过一段时期以后，土地就不如以前那么肥沃了，人们只好迁移到别的地方去开辟新的耕地，建立新的村落。甚至过了若干年以后又迁回旧地。这样沿着河流往来迁移的结果，就是在不同的地方出现了许多居住点。由此可知，这许多密集的村落遗址，并不是同时建立起来的。到了后来，农业生产水平提高了，人们能够在同一个地点居住较长的时期，迁移也就不再像过去那样频繁，村落的数目也就显著地减少了。此外，由于人们学会了凿井，居住条件不再受水源的限制，村落也就不再像过去那样密集在河流的沿岸了。

仰韶文化村落的面积大小不等，一般从几万到十几万平方米，最大的有九十多万平方米，分居住区、公共墓地和窑场三部分（图7-3、图7-4）。居住区大体是一个不规则的圆形，是氏族成员的住宅。在大约中心的地方有一座方形的大房子，可能是氏族举行会议或从事其他活动的公共活动场所。根据已经发现的房屋遗迹和柱洞的位置，可以推测这些房子是采用比较进步的木架结构修筑的。从房屋的形制上看，有两种建筑方法：一种是半地穴式的，分圆形和方形两种。圆形房屋是从地面向下挖一个土坑，再搭架盖成的，它的式样和地面的圆形房屋相似。方形房屋也是先从地面向下挖一个深约一米的方形或长方形的竖穴，在南边的正中开一条阶梯式或斜坡式的狭长门道，以便出入。屋内中央树立两根或四根木柱，支撑屋顶，木柱的下端都埋入地下，有的还在柱子下面垫上一大块石头，以防柱子下沉。这是我们所知道的最早的柱础。竖穴的周围有成排的木柱，用以支撑屋顶并构成墙壁的骨架。屋顶大体作四角尖锥状。屋顶和墙壁上都涂着一层草泥土（草拌泥），屋内的地基压得比较缜密，有的还在黄土里搀入红烧土末，或在表面涂一层石灰质，这显然是为了隔潮。房子中央或迎门的地方，有一个灶坑，用以炊煮食物，保存火种。房子附近，还有许多圆形的窖穴，一般都是口小底大，这是人们用来贮藏粮食或其他什物的地方。在房屋和窖穴的废墟上，还发现了一些生活用具和生产工具，这些都为复原当时的文化面貌和生活情况提供了丰富的资料。

图7-3 姜寨聚落遗址复原图

图7-4 姜寨聚落遗址复原图（局部）

居住区周围环绕着一条深宽各约五六米的壕沟，可能是人工挖成的一种用来防御野兽袭击的防御性设施。沟北面是氏族公共墓地，共发现成人墓葬一百多座，墓坑排列得很整齐，而且有固定的葬法。沟东面是烧制陶器的公共窑场，窑场里有聚集在一起的六座窑址，它们可能是供氏族成员共同使用的。上述的发现，为我们描绘出这样一幅图画：氏族成员们居住在一起，共同劳动，共同消费，过着平等互助的生活。

仰韶文化时期的人们采用"刀耕火种"的原始耕作方法从事生产，农业生产主要由妇女担任。她们领导着氏族全体成员，共同劳动。人们把种子撒在土里以后，就不再进行田间管理，任凭禾苗自生自长。因此，田间杂草丛生，有的甚至长得比禾苗还茂盛。这样一来，禾苗的生长自然受到影响，所以产量很低。尽管如此，农业生产还是具有很重要的意义，它为人们提供了满足基本生活需要的粮食。这时，人们生产的主要粮食是粟，因为它具有耐旱早熟的特点，非常适于生长在比较干燥的黄土地带。西安半坡、宝鸡百首岭等遗址都发现过粟壳。

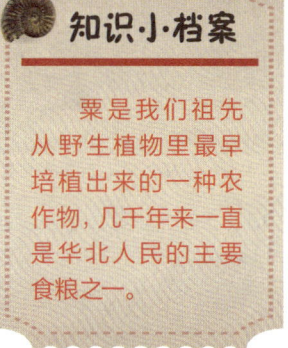

> **知识·小·档案**
>
> 粟是我们祖先从野生植物里最早培植出来的一种农作物，几千年来一直是华北人民的主要食粮之一。

当时的劳动工具比较简单，开地使用磨光的石斧（图7-5），松土整地使用石铲和木锄，点种主要使用尖木棒，收割工具多使用带刃的石片或陶片。石片或陶片的两端各有一个缺口，可以系上绳子，套在手上使用。在西安半坡还发现了盛着白菜籽和芥菜籽的陶罐，说明这时人们已经能够栽培蔬菜了。

家畜饲养业也已经出现，不过饲养的家畜种类不多，一般只有狗、猪两种。狗可以帮助狩猎，也可以供人们食用，猪是当时肉食的主要来源之一。在村落遗址里常常发现猪的骨骼，但是看来绝大部分都是小猪，这可能是由于饲料缺乏，无力饲养，或者因为人的生活资料不够，只好杀掉小猪充饥。

渔猎活动主要是由男子负担的一种辅助性生产，仰韶文化的人们都是在靠近河流的地方居住，所以捕鱼是很方便的。捕鱼的方法多种多样，有的用网捕；有的用骨头制成单排或双排倒刺的鱼杈，把杈头缚在木棒上，刺杀较大的鱼；也有的用骨制鱼钩来钓鱼。在西安半

图7-5 石斧 仰韶文化博物馆藏

图7-6 石箭头 仰韶文化博物馆藏

坡就曾经发现带着倒刺的骨制鱼钩，和现在使用的钢鱼钩形状很相似。而河谷中的沼泽地区和黄土高原上的森林地带，则是狩猎的良好场所。狩猎的主要工具是弓箭，箭头用骨料或石头制成，十分锐利，可以射击跑得较快的动物（图7-6）。此外，还使用陷阱、火焚等方法捕获动物。从发现的骨骼可以看出，猎取的对象有鹿、狸、羚羊、竹鼠、鸥和野鸡等飞禽走兽。

采集活动由妇女和儿童担任，主要包括螺、蚌一类介壳动物和松子、榛子、栗子等植物种子以及植物的根块、菌类等，这是当时人们补充食物的主要来源，因此采集活动也是一种不可缺少的辅助性生产方式。由于多方面的生产活动，人们的物质生活比以前有了很大的改善，但是生活条件依然很艰苦。根据墓葬中死者的骨骼判断，大多数人的寿命是三四十岁左右，而儿童夭折的比例更高。这些事实告诉我们，在远古时期，我们祖先的生活还是非常艰苦的。

由于农业和其他生产活动的需要，原始手工业也得到相应的发展。仰韶文化的原始手工业包括制石、制陶、制骨、纺织和编织等项目（图7-7~图7-9），这些同当时的生产活动和日常生活息息相关。石器的制作方法有打制和磨制两种，在生产工具和生活用具中，也有不少是用兽骨、鹿角和蚌壳制成的，其中尤以兽骨为最多。像骨制的箭头、鱼镖和鱼钩，是渔猎活动中不可缺少的工具。骨制的凿、锥、针等，可用来穿刺皮革，缝制衣服，还有许多磨制精致的用来束发的

图7-7 陶缸 仰韶文化博物馆藏

骨簪。

仰韶文化已经有了比较进步的纺织业，纺织的原料主要是野麻纤维。人们把野麻纤维剥取下来以后用石制

图7-8 石磨盘、磨棒

或陶制的纺轮捻成细线，然后用原始的织布机织成麻布。有了麻布，人们就能够缝制比较像样的衣服了。从若干陶器底部印着的精致席纹来看，当时编制工艺也是相当发达的。

随着物质生活的改善，仰韶文化时期人们的文化艺术活动也是丰富多彩的。当时人们主要的文化艺术活动有绘画、雕塑、刻划符号、装饰等几项。其中最富有代表性的是画在彩陶上的各种纹饰（图7-10），这些优美的纹饰具有独特的风格，是我们祖先智慧和艺术才能的结晶，在我国古代艺术史上书写了光辉灿烂的一页。

彩陶的纹饰，主要分为几何线条和写生图画两类。几何线条有涡

图7-9 陶罐 仰韶文化博物馆藏

图7-10 彩陶双连壶

图7-11 彩陶钵

图7-12 彩陶钵 仰韶文化博物馆藏

纹、三角涡纹、三角纹、条纹和周点纹等几种，这些几何条纹组成各式各样的图案（图7-11、图7-12）。写生的纹饰，数量不多，但也都栩栩如生，具有相当高的艺术成就，使人叹为观止。如西安半坡发现的人头像，头部滚圆，戴着尖顶形的饰物，眉毛粗浓，双眼眯成一线，鼻子是三角形的，还有一张呈对顶三角形的大嘴，耳部附近各有一条小鱼，也别有意思。各种陶器的造型，也富于变化，不仅实用，还可供欣赏，甚至在一些陶盆的口沿上，还发现了刻划的符号，这些符号有竖、横、斜、叉等几种，组成二十多种形状（图7-13）。在仰韶文化的遗址里，还发现了很多装饰品，如束发用的骨簪，有绿松石和碧玉制成的耳坠，有作为颈饰的穿孔蚌壳、兽牙、成

串的骨珠，有用蚌壳制成的套在手指上的指环，还有佩带在腰间的陶环和石环，等等。男人和妇女使用的装饰品种类不尽相同，但在数量上妇女的饰品更多一些。

仰韶文化的每处村落遗址附近都有大面积的氏族公共墓地，现已发现的墓葬有七百多座。墓葬一般都集中在一起，排列得比较整齐，不仅人头的方向一致，甚至有些墓坑都几乎处于同一条直线上，各墓之间的距离也大体相等，这些特点，反映了当时传统的习惯和制度。墓葬分为单人葬和合葬两种，而以单人葬为最多。但是，由于当时生产水平很低，人们的生活是极为艰苦的。他们为了生存，和大自然进行着长期而艰苦的斗争，他们以自己辛勤的劳动创造着历史，为人类的文明作出了巨大的贡献。

图7-13 小口尖底瓶 仰韶文化博物馆藏

知识·小·档案

仰韶文化的墓葬习俗，充分反映了当时社会关系的基本情况。那时候还没有阶级对立，每个人都是氏族部落的成员，他们在一起共同劳动，共同消费，过着平等的生活。

2.晨曦初现的古文明——龙山文化

由于社会生产力的进一步发展，男子在农业、畜牧业和手工业等主要的生产部门中逐渐占据主导地位，于是母系氏族公社在大约5000年前自然过渡为父系氏族公社。

1928年3月，当时还在清华大学上学的考古学家吴金鼎到离龙山镇城子崖遗址不远的汉代平陵城遗址做假期野外考察。3月24日，吴金鼎第一次前往山东章丘县龙山镇城子崖遗址做调查（图7-14），发

图7-14 章丘龙山文化城子崖遗址

现了大量色泽乌黑、表面光滑的陶片。吴金鼎很快就将自己的发现报告给了他的老师李济先生。被人称为中国考古学奠基人的李济先生是中国第一位人类学及考古学博士，正是他在1930年主持了城子崖遗址的第一次大规模发掘。在此之后，考古学家们先后对城子崖遗址进行多次发掘，取得了一批以精美的磨光黑陶为显著特征的文化遗存。根据这些发现，考古学家于是把这种以黑陶为主要特征的文化遗存命名为龙山文化。

龙山文化是我国北方父系氏族公社时期的重要代表，主要分布于黄河中下游的山东、河南、山西、陕西等省。龙山文化以农业为主，农具中普遍使用磨制石器，打制石器已很少，这一时期出现了器形厚大的磨制石斧（图7-15），收割工具出现了磨制的半月形石刀（图

图7-15 石钺 城子崖遗址博物馆藏

图7-16 蚌刀 城子崖遗址博物馆藏

7-16），还有可装木柄的磨制石镰或蚌镰，木器中出现了掘土工具，以上工具都是仰韶文化中所没有的，这些都表明龙山文化在农业生产的规模上与仰韶文化相比有了很大的进步。家畜饲养也随着农业生产力的提高而获得进一步的发展，龙山文化遗址中的猪骨数量比仰韶时期的多，饲养的家畜品种也多了。除猪、狗之外，牛、羊也开始被驯养了，有些地区还出现了鸡和马。龙山文化遗址中兽骨、鱼骨、蚌壳、螺蛳壳不少，渔猎工具如矛、链、鱼叉、鱼钩也很多。烧制陶器的技巧有了提高，与仰韶文化不同之处是轮制陶器增多，以灰陶、黑陶为主（图7-17、图7-18），彩陶也还有，但数量很少。陶器器形

图7-17 龙山文化黑陶罐

图7-18 龙山文化白陶鬶

091

图7-19 陶罐套杯 城子崖遗址博物馆藏

图7-20 陶鬶（gui）城子崖遗址博物馆藏

图7-21 快轮制陶法复原图

有罐、瓮、盆、杯、豆、鼎、鬶、鬲、甗等（图7-19），其中鬶、鬲、甗是龙山文化中带有特征性的器物（图7-20）。大汶口文化出现的快轮制陶技术在这一时期得到普遍采用（图7-21），磨光黑陶数量更多，质量更精，烧出了薄如蛋壳的器物，一般都拍印有篮纹、方格纹或绳纹，表面光亮如漆，是中国制陶史上的鼎盛时期（图

知识小·档案

快轮制陶法，是将陶土坯料放到快速转动的陶轮上，用双手直接拉出陶器的坯型。采用快轮制陶能够一次拉坯成型，使产品质量和生产效率都有很大提高。

图7-22 黑陶双耳杯 山东省博物馆藏　　　　　图7-23 白陶鬶形盉 山东省博物馆藏

7-22、图7-23）。与此同时，冶铜技术开始出现，还出现了夯筑而成的长方形土台式建筑，城址也开始大量出现。龙山文化的房屋有圆形、方形两种，室内地表一般都抹上一层白灰。

　　黄河流域的新石器时代文化发展到龙山文化阶段，由于社会生产力不断提高，引起了社会经济的变化。大量的地下文物可以证实，到龙山文化晚期，母系氏族社会逐渐让位于父系氏族社会。在父系氏族公社里，父权家长制家庭逐渐成为社会的基本单位，家长特别是氏族首领自然拥有支配全体家族成员的权力，因而使氏族内部日益失去了平等民主的生活，一部分人高高在上，一部分人被奴役，而且财产的分配也越来越不公平。随着分配不合理现象的发展，私有观念应运而生。考古工作者发现，在父系氏族公社时期的墓葬，特别是后期的墓葬中，陪葬品的数量差距很大（图7-24）。大汶口发现的墓葬中，数量最多的达一百七十多件。墓葬随葬品悬殊之大，反映贫富分化已很明显。

图7-24 龙山文化大型墓葬

第八章
从河姆渡到良渚

在黄河、长江以及其他大河流域，分别出现了中国最早的文明因素，发展进程中又都各具特色。黄河中下游形成了华北旱地农业经济文化区，以粟为主要农作物，这里首先培育了粟和黍等。相应的在我国南方长江下游的苏南和浙江，也发现了距今7000年至4000年的许多新石器时代文化遗址。年代较早的是浙江余姚河姆渡文化遗址，其次是嘉兴马家浜、上海崧泽等遗址，较晚的是良渚文化遗址。

图8-1 河姆渡文化遗址

1. 7000年前的江南——河姆渡文化

河姆渡文化因河姆渡遗址而得名（图8-1），距今约7000年，是20世纪70年代长江下游地区乃至全国新石器时代考古具有突破性的重大发现，它是早期稻作农业的典型代表。河姆渡文化主要分布在浙江宁绍平原东部地区，展现了长江流域母系氏族繁荣阶段的景象，说明江南地区原始社会的产生、发展并不晚于黄河中下游地区，它也是中华民族文化的摇篮之一。

河姆渡遗址，位于四明山和慈南山之间，姚江平原南侧山地与平原的交接地带，遗址总面积达50000平方米。1973年的春夏之交，余姚县罗江公社决定在姚江北岸的渡头村西端新建一座排涝站。开挖基坑至距地表3米多时，发现了许多石头、瓦片和骨头。经县文物局勘察，认为这是一处年代古老的文化遗址，并进行抢救性发掘。河姆渡遗址第一次考古发掘从1973年11月9日开始至1974年1月10日，历时60余天。

河姆渡遗址地层厚度达4米左右，包含了四个时期，河姆渡人创造了多项人间奇迹，为人类文明作出了重大贡献。第一、二文化层厚度约2米，其中发现的遗物大部分是破碎陶片，有釜(锅)口沿和釜腹片、鼎足、豆盘(高脚盘)、豆圈足、罐口沿及釜支架等。陶片有红色、灰褐色、外红里黑，还有施红衣、灰衣的等。第三层出土一些板材、木柱、木桩及横梁，在木柱下还有垫板。其次是大量的夹炭陶器皿及其碎片，还有石器、骨器(耜、镞、锥、凿、匕)和木器（图8-2）。第四层被专业技术人员称之为"夹心饼干"层，其中发现碧青的稻杆和稻叶，叶脉清晰，还有木屑等有机物。

图8-2 劳动工具 河姆渡文化遗址博物馆藏

河姆渡文化是长江下游发现的最早的新石器时代文化遗址。这里还保存了许多与农业起源有关的植物标本和遗迹，发现了丰富的稻作遗存，特别在主体文化堆积层中，普遍存在稻谷、谷壳、谷秆和枝叶的堆积，厚达20～50厘米，最厚达1米，令人惊喜的是，在这层发现

图8-3 岩层里发掘的碳化的稻谷 河姆渡遗址博物馆藏

了人工栽培的保留有谷芒的金黄色稻谷粒、谷壳及炭化了的米粒，有的稻壳上的绒状稃毛（稃音fū，指稻、麦等植物的花外面包着的硬壳。）也依稀可辨（图8-3）。其数量之多，保存之完好，实属罕见。经过鉴定，遗址中的稻属于籼亚晚稻型水稻，是我国最古老的稻类实物遗存，还有野生稻种子、菱角、橡子、桃子、菌类、藻类、葫芦等植物，其中有些已为当时人们所栽培。

河姆渡文化遗址中出土的生产工具也非常有代表性。有一套木制、骨制和石制的稻作农业工具，其中木制和骨制工具特别突出，这是其他遗址所缺乏或不多见的（图8-4、图8-5）。其数量达数千件之多，且保存完整，种类有耜（耜音sì，骨耜是古代的一种农具，古代跟犁上的铧相似的东西。）、铲、刀、斧、锛、凿、镞、锥、针、锯、桨等，其中以骨制的耜最典型（图8-6）。这些工具数量多，形制新颖，制工精巧，充分说明这一时期农业生产水平已经很高了。这种骨耜，是用大型哺乳动物的肩胛骨和胯骨制成的，是采用竖长安柄的方式使用，正面中间修出一道浅的

图8-4 骨镰 河姆渡遗址博物馆藏

图8-5 木质器具 河姆渡遗址博物馆藏

凹槽，柄部有横穿的长方形銎，耜面刃上两侧穿凿两个圆孔，用以扎捆柄体，柄部手握部分做成了T字形或透雕成三角形把手，便于手持使用，是一种十分精巧科学的工具了。这种工具的作用，大大提高了

图8-6 骨耜 河姆渡遗址博物馆藏

在水田工作中的生产效率，证明了河姆渡人是最早的耜耕农业者。

　　河姆渡人还制作了一套水乡定居生活的各种设备，他们居住在栽桩架板式的干栏式建筑里，结构形制都相当进步，其营造技术，并不亚于今日南亚一带人们居住的干栏式房屋。在河姆渡遗址早期遗存

给孩子的博物文化课——人的进化

图8-7 河姆渡文化先民搬运木桩场景

图8-8 带榫木构件 河姆渡遗址博物馆藏

图8-9 河姆渡文化干栏式建筑复原

中，发现一座长23米、宽7米，前廊还有1.3米的过道，呈西北—东南走向，这种建筑形式，体现了大家族式的社会组织。在干栏式建筑的遗存中，发现数千件木质构件，这里面有长达6米、直径23厘米的圆木立柱，板桩中有宽10~50厘米、厚2~4厘米规格的板材（图8-7）。从其结构看，榫卯构件都是垂直相交，在承托木梁、屋梁柱头和柱脚上，还保留近似方形的榫头和卯眼（图8-8）。其中较进步的是燕尾榫和带梢钉孔的榫，可以防止构件受拉脱榫，在两侧伸出规整的齿口木板，还在两侧向里刳出了规整的齿口木板，据建筑学家研究，这是一种高精度的密接拼板技术（图8-9）。另外还有一种居室是平地栽桩式的地面建筑，用木板垫作柱础，红烧土块和碎陶片铺地，层层加垫打实，然后再在其上建筑，这是晚期的居室，这时可能气候变得干燥些，人们舍干栏而就平居。

河姆渡人的生活资料，来源于居址附近丰富的自然库存。他们渔猎采集，获取各种各样的食物和衣着用品，主食是稻米，猎获的动物有48种之多，其中有十几种鸟类，七八种水生鱼类和蚌类，还有取之不尽的植物果实和叶茎、菱角、橡子等，这些生活资料能充分满足人类体质需要的蛋白、脂肪和炭水化合物等营养素，对人们的体力和智力发育有很大的好处，这也是河姆渡文化繁荣滋长的内在动力。

河姆渡人的日用器皿，有形可据的是陶器，这些陶器造型古朴但很实用。从这些陶器上，表现出了河姆渡人独特的制陶工艺。他们创造的夹炭陶艺，在古代制陶工艺中独树一帜。器物种类以釜、罐、盆、盘、钵等常用器为主，还有少量的盂、豆和储火尊（图8-10、图8-11、图8-12），此外还有器盖、器座。日常生活用的炊器、饮食

图8-10 猪纹陶钵 河姆渡遗址博物馆藏 　　图8-11 盂形器 河姆渡遗址博物馆藏

图8-12 豆 河姆渡遗址博物馆藏 　　图8-13 敞口釜 河姆渡遗址博物馆藏

> **知识小档案**
>
> 夹炭陶艺是在烧造时，在陶土中搀杂大量的草筋、植物杆碎叶和种子皮壳等有机物。烧成后，这些植物枝叶变成炭，陶器呈黑色，火候较低，器壁厚薄不匀，形制也不十分规整，表现出技术的原始性。

器和储物器均有，以圆底器为多，主要器物是圆底釜，用支垫以供炊煮（图8-13）。这种支垫是河姆渡人的创造，以后向周围扩延，北可到淮海地区。河姆渡遗址还出现了彩陶碎片，这说明河姆渡人的制陶技艺有了很大的提高。除陶器外，河姆渡人也用木制和编织的器物。

江浙地区和包括江西、湖南、广东、福建、台湾等省在内的南方地区，在漫长的历史发展过程中，原始农业也慢慢地发展起来了，栽培的作物以水稻为主。而在沿海一带，发现了较多的贝丘遗址，说明渔猎、采拾经济在有些地方还占据重要的地位。从这一地区

图8-14 蝶形器 河姆渡遗址博物馆藏

新石器文化的某些特征得知，当时这一带的人们和长江下游已有密切的交往关系。当时人们种植的主要农作物是水稻，饲养的家畜有猪、狗，后来还有水牛。在手工艺制作方面，人们除了会制作木器之外，还擅长于用竹片编制成筐、篓等物，还掌握了磨制玉器的技巧（图8-14）。

进入20世纪90年代，年代更早的新石器文化遗址在浙江这块土地上接连被发现。1990年萧山发现的跨湖桥遗址，文化面貌独特，并发现了稻谷，被命名为"跨湖桥文化"（图8-15），距今8200~7000年，属新石器时代中期。2001年在浦江渠南村上山遗址，发现一批具有特色的文化遗存，包括石球、石磨棒、石磨盘以及大敞口小平底的大型夹炭红衣陶盆形器，同时发现有人工栽培的水稻，距今11400~8600年，属新石器时代早期文化。2005年嵊州甘霖镇杜山村小黄山遗址的发掘，也同样发现许多磨石和石磨盘，有夹砂陶敞口平底盆、敛口钵和双腹豆等陶器，并在地层中发现大量稻属植物硅酸体，距今10000~8000年，也属新石器时代早期文化。

图8-15 跨湖桥遗址博物馆

上述遗址的发现，丰富了对浙江新石器时代早期文化遗址分布规律的认识，也是继发现河姆渡文化之后，在浙江新石器时代考古史上取得的又一次重大突破，从而宣告了浙江地区早期新石器文化遗址时代的结束。

河姆渡氏族是母系氏族公社繁荣时期的典型，人们凭借着自己的智慧改造自然界，使自然界为自己服务，使原始社会发生了一场经济革命。生产工具的改进与发明，是社会生产力显著发展的标志。河姆渡遗址中发现了许多稻谷，说明我国是世界上最早栽培水稻的国家之一。原始农业的产生和发展，不仅提高了人类物质生活水平，而且也为家畜饲养和原始手工业的产生和发展创造了条件。渔猎也是一项辅助性的生产活动。在河姆渡发现了不少骨、石箭头（图8-16），还有石球这样的"武器"。当时，成群的男子到山林或其他地方用弓箭射杀或围猎，或设陷阱网罟（网罟，音wǎng gǔ，捕鱼及捕鸟兽的工具。）捕捉野兽。近水之地，则从事渔捞，使用的工具有骨叉小镖钩，也有系以石陶网坠的鱼网，用来捕捞鱼、蚌等。捕捉到的动物不仅能提供肉食，还为其他部门提供生产原料，促进了原始手工业的发展。

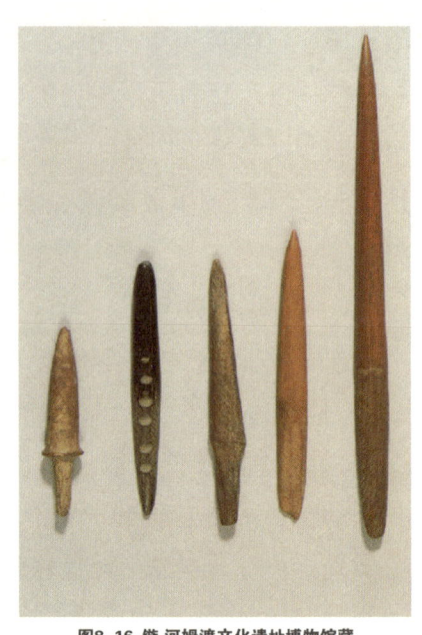

图8-16 镞 河姆渡文化遗址博物馆藏

2.掀起良渚文化的神秘面纱

在长江流域,河姆渡文化之后影响最大的是良渚文化,它是父系氏族社会的代表。良渚文化因1936年发现地余杭市良渚镇而得名(图8-17),距今4500~4000年,主要分布在浙江、上海、江苏的环太湖流域及杭州湾地区。良渚文化有相当发达的稻作农业,并以磨制精细的石器、制作精美的黑陶器、雕琢精巧的玉器以及大规模的人工土台和玉器随葬墓而备受关注,很多特点都为夏商周文化所继承和发扬,良渚文化因此也成为中国华夏文明的重要源头之一。

良渚文化时期稻作农业已相当进步,进入犁耕稻作时代,并普遍使用石犁、石镰(图8-18)。良渚文化的手工业也有很高的成就,尤其是制作的玉器,数量多、品种丰富、雕琢精美,均达到史前玉器的高峰。玉器上的纹饰主题是神人兽面纹,是良渚先民"天人合一"观念的体现,并逐步成为中国传统文化的核心。玉器和陶器上还出现了不少刻划符号,这些符号在形体上已接近商周时期的文字,是良渚文

图8-17 良渚博物院

图8-18 石镰 良渚博物院藏

化进入文明时代的重要标志。玉石制作、制陶、木作、竹器编织、丝麻纺织都达到较高水平。大型玉礼器的出现揭开了中国礼制社会的序幕，贵族大墓与平民小墓的分野显示出社会分化的加剧。

在社会生产力发展的基础上，良渚文化时期的社会制度发生了激烈的变革，已经分化成不同的等级，这在墓葬遗存中表现得尤为突出。在浙江的反山、瑶山等发现的大型墓地里，大都建有人工堆筑的大型墓台。贵族墓大都具有宽大的墓穴、精致的葬具，特别是有一大批制作精美的玉礼器作随葬品。与其相对的则是小型平民墓葬，它们不具有专门的营建墓地，只是散落在居住址的周围，墓穴狭小，随葬的只是简陋的陶器及小件的装饰品。可见，良渚文化时期，社会已在激烈的冲突中显现出巨大的等级差别。这种社会权力的存在，也充分表现在良渚文化时期的玉器制作上。

良渚文化时期农业生产水平的提高，体现在新的耕作方法和生产技术的发明与推广。犁耕是良渚文化农业耕作的主要方式，在许多遗址中都发现了当时使用的石犁，仅钱山漾遗址出土的石犁就有百余件。钱山漾遗址，位于浙江省湖州市城南，距今4700多年，出土了陶质的鼎、罐、壶、盆、钵等器皿以及纺轮、网坠等纺织工具残件。还有石质刀、斧、锛、犁等生产工具和稻谷、蚕豆、甜瓜、毛桃、花生等植物种子。遗址中出土的残绢片和丝、麻织品是我国迄今发现年代最早的丝、麻织品。石犁有两种形制，一种平面呈三角形，刃在两腰，中间穿一孔或数孔，往往呈竖直排列，可以安装在木制犁床上，用以翻耕水田（图8-19）；另一种也近似三角形，刃部在下，后端有一斜把，可能是开沟挖渠的先进工具，故又称"开沟犁"（图8-20）。这两种石犁都是良渚人发明的新农具，对促进农业生产的迅速发展起着重要的作用。

图8-19 石犁 良渚博物院藏

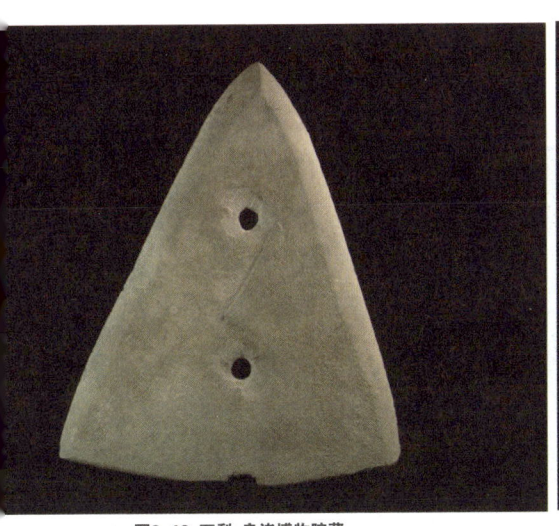

图8-20 石犁 良渚博物院藏

同以前的耜耕生产相比，犁耕不仅可以节省劳力，提高工效，还可以更好地改变土壤结构，充分利用地力，为条播和中耕除草技术的产生提供了条件，也为大面积的开垦荒地提供了可能，农业生产水平也因而提高到了一个新的阶段。从耜耕农业发展到犁耕农业，是中国古代农业史上的一次重大变革，为夏代以后的农业发展奠定了坚实的基础。

良渚石器磨制精致，还出现不少新器形。在良渚文化的大批石器中，还有一种形制特殊的器物，它两翼后掠、弧刃，背部中央突出一个榫头，其上常穿一圆孔，形制同后来这一地区使用的铁制耘田器十分相似，被认为是古代最早出现的稻田中耕除草的农具。另外，在钱山漾遗址还发现一种形似畚箕的带柄木器，形制和该地区农民现代使用的木千篰（篰音bù，千篰是南方用于清理江湖淤泥作为肥料的工具。）一样，是一种取河泥施肥的工具。中耕除草同施肥结合起来，无疑会大幅度地提高农作物的单位面积产量。

农业生产水平的提高，必然会带动手工业的发展。而各地出土的遗物也表明，良渚文化已拥有了陶器、石器、木器、竹器、丝麻纺织、玉雕以及髹漆（髹音xiū，把漆涂在器物上。）等多种手工业，而且都达到了较高的水平（图8-21~图8-23）。其中以制陶业和玉器制作最为突

图8-21 陶屋顶 良渚博物院藏

图8-22 漆豆 良渚博物院藏

图8-23 嵌玉漆杯 良渚博物院藏

出，在中国新石器时代晚期占有重要地位。

良渚文化的陶器已普遍采取快轮成型的方法，各种陶器造型优美，胎质细腻，器壁厚薄均匀，火候较高。良渚出土的陶器，以泥质灰胎磨光黑皮陶最具特色。当时也有少量彩陶，还经常在器物表层用镂刻技巧加以装饰，有的还在器物突出部位刻划出精美的花纹图案，既有形态生动的鱼、鸟、花、草等动植物，也有线条纤细、结构巧妙的几何形图案。上海青浦福泉山和江苏吴县草鞋山出土的良渚文化陶鼎，在丁字形足部镂以新月形和圆形的孔，器盖、盖钮及器身则精细雕刻着圆涡纹、蟠螭纹图案。带盖的贯耳壶有的厚度仅1~2毫米，上面也分别细刻着繁复的圆涡纹、编织纹、曲折条纹、鸟形纹、蟠螭纹等纹饰。有一些陶器把手上附加的编织纹饰，竟是用细如丝线的泥条编叠粘贴而成，足见其制作之精良。良渚文化的许多陶器，既是美观实用的生活器皿，又是精致巧妙的工艺美术品。

良渚文化玉器出土地点多，分布广，尤以杭嘉湖地区最为集中。仅浙江的吴兴、余杭等8县市，就有20多处遗址发现过玉琮和玉璧（图8-24、图8-25）。良渚文化玉器以数量多、质量高而远超同期

图8-24 玉琮 良渚博物院藏

图8-25 玉璧 良渚博物院藏

109

其他地区的玉器，这充分说明良渚的玉器制作已经成为专业化程度很高的手工行业，也从一个侧面反映出长江下游三角区四五千年前的物质生产水平是比较发达的，为吴越经济区早期国家的出现准备了条件。

  当时的石器制作技术同样高超。制造石器的工匠们已经完全掌握了选择和切割石料、琢打成坯、钻孔、磨光等一套技术。与此同时，竹木器制造行业也有了一定的发展。许多遗址都发现了木器和竹编器物，钱山漾遗址集中出土了200多件竹制品，说明这种手工业也成为一些氏族成员专门从事的生产劳动。良渚镇的庙前遗址，出土了木豆、木盘、木矛和木箭镞等一批罕见的木制品；宁波慈湖遗址也出土了木耜、木桨、木屐，还有用树杈制成的铲柄和镶嵌牙齿钻头的木钻，可见当时的竹木制品是多么的丰富。

第九章
原始人的精神世界

　　人类从动物进化成人，终其一生都在用行为证明自己是人，而他们的精神生活就是其证明自己为人的主要特征。与当时的生产生活相适应，我国先民的精神世界主要表现在原始宗教和以原始装饰品、绘画等为主要内容的原始艺术等方面，比如旧石器时代壁画的内容基本以动物为主，到了新石器时代，人类渐渐有了智慧，壁画开始出现越来越多人的影子。只有当我们真正沉浸到原始状态，才能更深刻体会到人类祖先留下的"艺术"，我们才能真正与古老对话。

1.宗教的起源，你知道吗？

原始宗教是原始人和自然斗争软弱无力的产物。人类刚从动物界分离出来，大脑思维能力还不发达，当时只能自发地适应自然，还不可能产生任何宗教信仰。到了氏族制阶段，人类思维能力有了进一步发展，逐渐认识到许多自然现象和人类生活有着密切的联系，才产生了原始神话和原始宗教。在早期旧石器时代的遗物中，至今尚未发现有任何宗教信仰存在的痕迹。在欧洲到了旧石器时代中期的尼安德特人才开始有宗教的萌芽，他们已经有了埋葬死者的习惯，葬地就在自己的居住地。在我国旧石器时代晚期的山顶洞人的三具人骨化石旁，都有赤铁矿的粉末，还放有死者生前使用的装饰品，如钻孔的石珠和兽骨、海蚶壳和骨坠等随葬物。

原始宗教也有一个起源和发展的过程，万物有灵观念是原始宗教的思想基础。在人类社会最初的渔猎时代，主要崇拜对象是鱼、蛇、鸟、兽之神。而农耕时期，山川、日月星辰、水、土、五谷都成为人类的主要崇拜对象，因为土地是人类所需一切生活资料的主要来源，故而更加重视土地神的崇拜。随着生产力的提高，人类思维能力也有了进一步的发展，就认为肉体内存在灵魂，灵魂能与肉体分离，并能单独地游荡，肉体可以死亡，灵魂永远存在，并认为死者的灵魂能够作用于生者，于是产生了对死者的埋葬、陪葬甚至用人殉葬和祭祀等仪式。我国旧石器时代后期，已有葬墓及随葬习惯，至新石器时代墓葬更普遍。半坡人对成年人和小孩的葬法不同。成年人死后，一般集中埋在氏族的公共墓地里，坑位排列有条不紊，有单人葬或多人合葬，也有二人合葬制，可见已有殡葬仪式。小孩则用瓮棺葬，瓮上覆有一圆底钵或卷舌盖，中

> **知识小档案**
>
> 万物有灵，即认为每一种自然现象都有不同的"神灵"在主宰。

穿一洞，为死者灵魂出入之用。成年人尸体的头都是向西或西北，安排很有规律。

与神灵观念一起产生的还有魔咒、祭祀、占卜等一系列宗教仪式，如在辽宁喀左县东山嘴发现了一处大型祭坛，距今5000~3000年，基址上有很多天然石块和相聚成组的立石，石砌墙基，还有一批陶塑人像残块，小型的孕妇体型特征十分明显，还有大型人物坐像，很可能是远古先民祭祀地母和祈求生育的场所，也可能是直至进入文明后，还长期用作祭祀天地祖先的祭坛（图9-1）。旧石器时代晚

图9-1 辽宁喀左县东山嘴遗址

期，人类开始出现了图腾崇拜，进入新石器时代以后，祖先崇拜便取代了图腾崇拜。原始宗教产生的过程中在客观上使人的思维能力、概括能力获得发展，而原始艺术——绘画、雕塑、音乐、舞蹈一定程度上也是在宗教的形式下得到了发展。随着原始社会的发展，宗教成了少数人的职业，脑力劳动和体力劳动开始有所分工，整个社会向文明又迈进了一大步。

2.科学知识的积累

人类在长期生产实践中，除了宗教的发展外，也在科学知识、手工技术、绘画、艺术、语言文字等方面萌芽和发展，为人类文明的出现奠定了基础。

科学知识方面，人类经过无数次的实践活动，逐步认识到人类的生产活动同生活在自己周围的动植物和其他许多自然现象有着微妙的关系，进而把它总结成向大自然做斗争的宝贵经验，这对原始经济的发展、原始人类的生存繁衍，都起过重要的作用。天文和历法与农业的生产密切相关，人类在漫长的生产中，经过反复观察周围事物，逐渐认识到物候变化和季节运行规律的关系。在新石器时代，经营农业的氏族根据各自生活的自然环境，开始选择适宜的播种和收获时节，大汶口文化的先民使用物候历，龙山文化时期则进入了"观象授时"阶段。早在发明"观象授时"之前，居住在黄河中下游的先民已经开始注意观察神秘的天空，仰韶文化遗址中就发现了绘制在陶器上的天文图像，有光芒四射的太阳纹和肉眼极难看到的日晕图，有满月和蛾眉月彩绘，还有残存的北斗星象图等。

> **知识小档案**
> 物候历又称农事历，即把一地区的自然物候、作物物候、害虫发生期和农事活动的多年观测资料进行整理，按出现日期排列成表。

说到这里，不能不提一个非常重要的发现。据相关媒体报道，1987年3月，河南省濮阳市文物部门为配合中原化肥厂引黄供水调节池工程而发现古文化遗址一处，因其地而名之为西水坡遗址。调节池修建蓄水后遗址已埋没

图9-2 西水坡仰韶文化墓葬

于水下，为了抢救和保护这处古代遗址，经国家文物局批准，由河南省文物研究所、濮阳市文博部门共同组成考古队，对该遗址进行了大面积的发掘。当叠压在最深处的文化层被清理出来之后，人们惊呆了，一组远古时代的墓葬遗址出现在眼前。第一组蚌图发现于仰韶文化第四层下（图9-2），打破第五层和生土，由北向南。这是龙虎和人骨架相组合，在人骨架脚边正北有用两根人胫骨和蚌壳摆成的勺形图案；第二组蚌图由下而上为虎、龙、鹿相错并重叠而组成，虎和鹿头向北而龙头向南；第三组蚌图是北虎南龙，背相对，虎头向西而龙头向东，龙背上的骑兵一人。西水坡一系列蚌塑图案出土后，立即轰动了海内外，并引发了对龙文化的探讨。宋兆鳞先生认为："龙的形象在中国史前时代是多源的，但是，以西水坡的蚌龙为最古老，可以

图9-3 中华第一龙

115

称为'中华第一龙'（图9-3）。从这一点可以证明，黄河流域是中国古代文明的摇篮。所以说龙的主要故乡在黄河流域，在濮阳。"也有专家认为，濮阳仰韶时期墓葬的龙虎蚌塑图被证实为天文图后，不仅把中国天文学的"四象"传统在夏鼐的基础上又前推了3700年，而且还让那些坚持中国"四象"来自西方的人哑口无言。濮阳天文图不但是中国最早的天文图，也是世界上最早的天文图。

图9-4 彩陶壶 大运村遗址博物馆藏

新石器时代人类在生活用具和遗迹中也留下了数学方面的思维痕迹，裴李岗文化的陶壶两侧几乎都有对称的双耳，仰韶文化时期对称的应用更为广泛，半坡的先民不仅在小口尖底瓶一类的陶器上装有双耳，而且彩绘图案也使用对称的手法构图，有对称的鱼纹、三角纹、菱形纹等（图9-4、图9-5）。大汶口文化的陶器上一般都附有半环形的对称双耳。长江下游地区的河姆渡文化、马家浜文化的先民，同样也在陶器上安装了对称的双耳（图9-6）。进入父系氏族社会后，龙山文化和良渚文化中双耳对称的陶器则更为普遍。（图9-7）

新石器时代的先民在大至建筑房屋和古城，小到彩绘陶器和制作玉石器等都要进行度量，使它们更符合实用并达到审美的要求。河姆

图9-5 彩陶盆 大运村遗址博物馆藏

图9-6 马家窑文化双耳陶壶

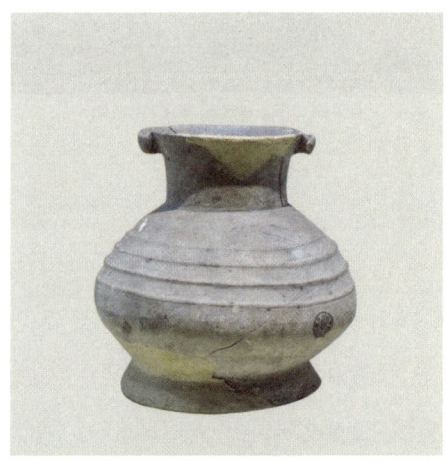

图9-7 良渚文化陶壶

渡遗址发掘出的面宽23米、进深7米的大型干栏式建筑，这种木结构房屋的长、宽和间数不仅需要事先设计丈量准确，而且连接木桩的榫卯更需精确度量，加工时才不会出现误差。仰韶文化时期的方形或长方形的房子也相当规整，对应的边长都相等，如半坡的半地穴式的房子长宽各为3.8米，东西4.8米，南北3.28米，地面筑的房子东西4.28米，南北3.95米，说明房子挖槽之前都经过准确的测量了。甘肃秦安大地湾的房子长14米，宽11.2米，面积达150平方米，墙基平直方整。进入龙山文化时期，长度概念更是帮助人们创造出规模空前的古城。在较小的物体上也同样体现出这种度量的应用，如半坡的人面鱼纹陶盆的图案，内壁呈四等分格局，两两相对的人面纹与鱼纹大小相同，间距相等。姜寨的鱼蛙纹陶盆内壁也是四等分，同种动物纹饰对应（图9-8）。宝鸡北首岭陶盆的沿面一周22等分，绘的是三角纹黑彩，大河村陶钵的圆肩一周12等

117

分，绘着太阳纹。良渚文化的玉琮有单节、多节，甚至10节的，多节的玉琮每节长度都相等（图9-9）。潜山薛家岗的多孔石刀，从1~13孔的都有，每件石刀的孔距基本相等。另外，"三"在先民的生活中也起着重要的作用，反映"三"的概念的材料也相当丰富。裴李岗文化、河姆渡文化的炊器底部都有三足，还有三足釜灶、三足炊器和酒器等（图9-10）。

图9-8 鱼纹盆

图9-10 罐形鼎 河姆渡遗址博物馆藏

图9-9 六节玉琮式管 良渚博物院藏

3.多彩的艺术

艺术同样起源于劳动，是形象反映社会生活的意识形态，是生产力发展到一定阶段和思维发展到一定程度的产物。在旧石器时代晚期，法国拉塞尔出土的持角杯的女人和头部残缺的男人等两块浮雕以及同时期的洞窟壁画，是迄今发现最古老的岩画和雕刻，还有分布在大西洋沿岸至西伯利亚之间的女性石雕像等（图9-11）。

我们祖先什么时候产生的审美观念，目前还难以断定，但旧石器时代晚期人们开始注意美化自己的生活则是确定无疑的。人类使用的装饰品在世界各地都有出土，我国出土的装饰品也很多，如山顶洞人的钻孔石珠、鱼骨、兽牙和贝壳等，大汶口文化男女均可佩戴一种由成对猪獠牙制成的发饰，有的墓主人双臂戴着十余对陶镯，还有成串的骨珠和玉、石、骨、角质的管状饰品、指环、象牙梳等（图9-12）。

诗歌、音乐、舞蹈是从劳动中诞生的，在原始社会时期这三者是互相依存的。考古发现的乐器可以佐证音乐的出现，河南舞阳发现了几支距今

图9-11 世界文化遗产中国贺兰山岩画、博茨瓦纳措迪罗山岩画

七八千年的骨笛（图9-13），河姆渡发现了45支用禽类肢骨中段制成的骨哨，这些骨哨长6~10厘米，中间是吹孔，两端各挖一音孔（图9-14、图9-15）。很多地方出土过陶埙（埙，音xūn，吹奏乐器，用陶土烧制而成），半坡的陶埙形如橄榄，有一个吹孔和一个音孔，龙山文化时期的陶埙改成了二音孔（图9-16~图9-18）。山西襄汾陶寺龙山文化的一座大墓中随

给孩子的博物文化课——人的进化

图9-12 骨珠项链 国家博物馆藏

图9-16 陶埙 国家博物馆藏

图9-13 骨笛 河南博物院藏

图9-17 陶埙 山西博物院藏

图9-14 骨哨 河姆渡遗址博物馆藏

图9-18 陶埙 浙江省博物馆藏

图9-15 骨哨 河姆渡遗址博物馆藏

图9-19 石磬 国家博物馆藏

葬有打制的石磬，长80厘米，背部有圆孔，可系绳悬挂敲击，已经是定型的打击乐器了（图9-19）。同墓还出土了鳄鱼皮鼓，鼓身由1米高的树干挖制成鼓腔，并画有彩绘，鼓面蒙鳄鱼皮。弹拨乐器这一时期也出现了，它是受射箭时弓弦响声的启发而发明的。原始社会时期三大类乐器基本齐备，尽管它们还相当简陋。

舞蹈是人们再现生产劳动和抒发思想感情的另一种形式，它的产生与狩猎活动、农业生产活动紧密相连，如马家窑彩陶盆上的舞蹈纹形象仍然残留着狩猎的痕迹（图9-20）。

知识小档案

鹳鱼石斧纹彩陶缸，1987年在河南省汝州市（原临汝县）阎村出土。器形为敞口、圆唇、深腹，器高47厘米、口径32.7厘米、底径19.5厘米。器沿下有四个对称的鼻钮，腹部绘有图案，右边画的是一把竖立的装有木柄的石斧，石斧上的孔眼、符号和紧缠的绳子，都被真实、细致地用黑线条勾勒出来。左边画的是一只圆眸、长喙、两腿直撑地面的水鸟。它昂着头，身躯稍微向后倾，显得非常健美，嘴上衔着一条大鱼，面对竖立的石斧。

黄河流域的仰韶文化、龙山文化留下来的陶器器皿，彩绘花纹精致，图案变化很有规律。仰韶文化彩绘中最引人注目的是动物和人物形象，包括鱼、蛙、鹿、鸟和人面等，其中鱼纹的种类最多，各种鱼纹是这类遗址的主要彩绘纹饰之一。这个时期有气魂的美术作品要属近年发现绘于陶缸上的《鹳鱼石斧图》，可称得上艺术瑰宝（图9-21）。马家窑文化陶器的彩绘纹饰非常发达，绚丽多彩，以浓亮如漆的黑彩构图，呈现单纯明快的格调，是彩陶艺术的佼佼者。

图9-20 马家窑文化彩绘舞蹈盆 　　　　图9-21 鹳鱼石斧图彩绘陶缸 国家博物馆藏

4.原始文字的出现

文字是文明的重要标志，在漫长的原始时代，知识和技术的积累靠一代代的口耳相传。而文字的发明，创造了保存和传播文化的一个重要手段。从此，人类建立了一个独立于人体之外的文化知识积累系统，它可以超越时间和空间，把知识、技术、经验散布开来、传递下去，不仅使不同地区的人互相沟通，而且使后代子孙能够站在前人的肩头继续攀登，从而大大加速了文明的进程。

我国古代文字是什么时候出现的呢？过去有黄帝之臣仓颉作书的传说（图9-22），相传他受鸟兽足迹的启发，搜集、整理各种象形文字符号并进一步加工和推广。然而文字不可能是一人一时所能创造的。它产生于原始的记事方法，如物件记事、结绳记事、图画记事，它们经过长期的发展，不仅从简到繁逐渐表达日益复杂的思想，

知识·小·档案

书契是指契刻在竹、木、骨、甲上的文字，已发现的甲骨金文和最早的陶文确实是用刀契刻在甲骨上或陶范、陶坯上，再进行翻铸或烧制的。

而且产生了各种各样的形式,最后终于出现了文字。

我国古文献中记载"上古结绳而治,后世圣人易之以书契"。所以,这一记载告诉我们,在文字出现以前曾用结绳的方法帮助记忆。数千年前我国原始时代结绳记事的遗迹虽已荡然无存,但类似的记事方法在现代民族中还可以找到一些实例。和结绳记事相类的是在木、竹、骨、石、陶器上刻画符号帮助记忆,最初的刻符和绳结一样,只是在记忆中留下一个简单的记号,也常用于记日、记账和作为契约。因为刻符可以创造出多种符号,也可以刻在不同的物质上,比结绳更为方便和有更广阔的表现余地。

我国古代符号记事的遗存非常丰富,最早的是山西朔县峙峪遗址出土的刻痕骨片,每片上留有数目不等的刻画,可知28000年前旧石器时代晚期已有了简单的刻符记事。新石器时代发现得最多的是陶器上的刻画符号,在关中地区东西300里、南北百里的范围内,仅西安半坡、临潼姜寨等7个遗址就出土仰韶文化刻画符号72种,270个。它们的年代距今约6000多年前。更早一些,在距今7500年前后的甘肃秦安大地湾一期陶钵等器物内壁就有了类似记事符号,是在陶坯作成

图9-22 仓颉造字浮雕

后，入窑烧制前用彩笔写上的。马家窑文化陶器上也多有画上去的符号，如青海乐都柳湾的墓葬中出土了带有符号的陶器679件，多数是几何形的，分30类139种，少数是如犬、如鸟、如虫的动物图形。陶器上的记事符号绝大部分是单个的，有的可能是作器者氏族、家族徽号，有的还可能有特殊的复杂涵义。（图9-23、图9-24）

图9-23 刻符陶尊 国家博物馆藏

图9-24 黑陶刻符罐 良渚博物院藏

结绳记事本身不能演化成文字，但它的表现手法对造字是有影响的。契刻符号也不是文字，但有些表现手法使用久了，约定俗成，促进了指事字的形成，数字符号逐渐有了固定的写法，成了象形文字中数字的前身。

最初的文字和图画有非常密切的关系，或者可以说图画直接导致了象形文字的产生，世界上最早的文明古国都经历过这样的发展阶段，埃及的象形文字就是这样发展起来的（图9-25）。在我国，表达某种意义、初步具有文字性质的图画也非常多。仰韶文化陶器上有一些不同于一般装饰图案的彩绘，如甘肃甘谷县出土了绘有人面大鲵鱼纹彩陶瓶，陕西宝鸡北首岭出土的同类器物上有水鸟衔鱼图，以及西

图9-25 埃及象形文字

安半坡等地多次出现过的彩绘人面鱼形图像等，大约都不是一般的艺术作品，而有较复杂的涵义。在河南临汝出土的绘有鹳鱼石斧图的陶缸，有的研究者甚至猜测说可能是一位白鹳氏族酋长的瓮棺，生前曾建立过大破白鲢氏族的赫赫武功，这幅鹳鱼石斧图就是记录他生前功勋的墓志铭。

图画记事有明显的局限性，很难表达抽象事物和记录复杂的语言，于是首先在埃及发明了字母，并在不断完善过程中发展起拼音文字，在世界上通行起来了。唯独古汉字沿着它原来的道路发展下去，形成一套造字方法，也就是通常说的象形、指事、会意、形声、假借、转注，以适应汉语多单音词和一音多义的特点。如在保存很多象形字的甲骨文中，很多具体物件的名称都用它的象形，并突出主要特征以示区别，如马突出背上有鬃、象有长鼻、虎身有斑纹，表示猪的豕字突出腹肥尾垂，表示狗的犬字腹瘦尾卷，身份高贵的"王"字是由权力的象征——一把横置的钺演化来的，而表示自我的"自"字，则是鼻子的象形。图画除表示一种物件外，还可表示一种行为动作或更复杂的思想，用于造字就是会意字，如一个侧立人的形象是人；人肩扛着戈就是荷枪实弹的荷；用戈砍人的头，就是砍伐的伐。对外部世界的认识加深了，为了用文字表示千差万别的万事万物，形声字又应运而生，如狐、狼、狈外形相近，又是不同的动物，用勾画简单外形轮廓的象形字来区别它们，无疑比较困难，于是我们的祖先用犬作形符，分别加上亡（无）、良、贝三个声符，就成了狐、狼、狈三个字。总之，由于借用了原始记事的各种手法并加以发展、创造，形成的

图9-26 贾湖遗址刻画符号

一整套造字方法保证了我们的方块汉字不仅适应汉语的特点，而且能够非常形象生动地记录下我们丰富的语汇，得以准确地表达情感，交流思想，传递信息。

那么，中国最早的文字在哪里呢？在全国各地已经发现了大量线索。自20世纪50年代以来，考古工作者在仰韶文化、大汶口文化、良渚文化等遗址中陆续发现和辨识出许多刻划或绘制在陶器、石器、骨片、龟甲上的"符号"，而河南省舞阳贾湖裴李岗文化遗址中出土的龟甲等物品上的刻画符号竟然早到8000多年前，这是世界上已知的与文字可能有关的符号中最早的（图9-26）。对于这些"符号"是不是文字，专家们的意见是有分歧的。大部分中国学者都认为是文字，推断新石器时代是原始文字由发生而日趋发展的时期。如郭沫若先生

认为，仰韶文化半坡类型陶器上的刻划符号是中国文字的起源。李学勤先生认为，这类"符号"中的一部份，结构复杂，已经超出了刻划"符号"的可能范围。另一种观点持否认的态度，如有的学者认为表音的象形文字才算是最早的文字，在此以前出现的任何符号或图形，都只能算原始记事的范畴。

  文字是人类社会发展到一定阶段的产物，它不是出自少数圣哲人物的向壁虚构，乃由社会发展之需要应运而生。总起来说，我国文字的具体起源、如何产生等问题，早期文化遗址中发现的这类"符号"是否是文字的问题，经过史学界、考古学界、语言文字学界多年的讨论，虽然还没有形成一致意见，但在很多方面也开始达成共识了。我们也很期待，亲爱的读者朋友们能够通过自己的努力，亲身参与到探寻中华文明起源的事业中来。

参考文献

1.中国大百科全书·考古学[M].北京：中国大百科全书出版社，1986.

2.中国大百科全书·中国历史[M].北京：中国大百科全书出版社，1994.

3.中国国家博物馆编.文物中国史[M].北京：人民出版社，2011.

4.中国国家博物馆编.中华文明<古代中国陈列>文物精萃[M].北京：中国社会科学出版社，2010.

5.中国国家博物馆编.文物里的古代中国[M].北京：中国社会科学出版社，2010.

6.黄慰文、贾兰坡等.中国历史的童年[M].北京：中华书局，1982.

7.王幼平.旧石器时代考古[M].北京：文物出版社，2000.

8.张江凯.新石器时代考古[M].北京：文物出版社，2004.

9.林耀华.原始社会史[M].北京：中华书局，1984.

10.黄淑娉等.中国原始社会史话[M].北京：北京出版社，1982.

11.吴新智主编.人类进化足迹[M].北京：北京教育出版社，2002.

12.中华文明史编委会编.中华文明史·第一卷[M].河北：河北教育出版社，1989.

13.李建军主编.走进自然博物馆[M].北京：兵器工业出版社，1999.

14.孟庆军主编.走进自然历史博物馆[M].北京：北京科学技术出版社，2010.

15. 侯志云，郑明光编著.走进知识殿堂 北京百家博物馆[M].北京：专利文献出版社，2000.

16.国家文物局编.博物馆免费开放参观指南[M].北京：文物出版社，2008.